仪式的力量

成功人士的日常

[英] 特里萨 · 张（Theresa Cheung）◎著

洪世民◎译

21 RITUALS TO CHANGE YOUR LIFE

中国法制出版社
CHINA LEGAL PUBLISHING HOUSE

要让人生变得更好，最简单也最有效的方式，是改变我们每天反复做的事，就从今天开始。

自序

成功人士的标准动作：个人化仪式

你反复做的事，决定你是什么样的人。

——亚里士多德，古希腊哲学家

几年前，我在电视上看到一场引人入胜的心理实验，主持人是别具巧思的魔术师和催眠师德伦·布朗（Derren Brown）。受测者被送进一间房间，并被告知门锁住了，他们唯有顺利破解特定线索，才能解锁。实验开始后，房间里每个人无不聚精会神地破解提示，如数列、闪灯等，但都徒劳无功。当规定的实验时间终了，主持人这才宣布，实验期间给的每一个解门锁的提示都是毫无意义、无从破解的，而门自始至终都没有上锁。房间里的人完全没有想到去检查门是否真的上锁，他们想当然地认定门被锁住了。房间里任何人都随时可以把门打开，大摇大摆地走出去！

简言之，这就是本书要探讨的主题。有个出奇简单的办法，可以让我们的人生变得更美好，但多数人未曾留意，尽管那是如此显眼。我们以为人生非自己所能掌控，唯有改变想法才能改变它。**但要让人生变得更好，最简单也最有效的方式是改变我们每天反复做的事，就从今天开始。**

日常经验其实源自每天所做的事。我们以为的重大事件、所做的决定、我们的观念和他人的意见形塑了自己的未来，但这本书将向你证明，你的日常行动才是开启改变的金钥匙。密切注意你每天真的在进行的事，看着人生焕然一新。

就算明白日常行动可能会冲击我们的幸福和成就感，大部分的人往往仍未充分理解其改变人生的潜力。我们知道某些事情，如写日记或深呼吸，可能让感觉好转，但不太确定原因何在。某位老师教我们表达感谢，另一位老师教我们冥想，其他老师有其他的方法和建议，但哪个才是对的？那些建议听来都含糊不清、支离破碎，似乎顶多偶尔奏效。虽然我们出于一片真心，但基本上人生毫无改变。

某种行为只要重复得够频繁，就会成为日常习惯，然而本书不是要谈建立正向的习惯，因为习惯尚不足以让你进入无限可能的原野，因此无法改变你的人生。要吸引爱、成功和幸福造访，你的日常作为必须注入满满的神圣意义与力量——**也就是必须加以仪式化**。

只要实践 21 天，本书的每项仪式绝对会让你的人生更美好。只要将这些仪式融入生命（其中多数可立刻实行），你就会发现正面的转变。这本书将向你证明：每天做的事，将决定你会成为什么样的人。

“你做了什么”才会改变人生，而非你怎么看待人生

仪式之于科学的内在，正如实验之于科学的外在。

——蒂莫西·利里（Timothy Leary），美国心理学家及作家

你仿佛一直活在一块大石头底下，因而遇不到这种帮助自己的概念：“你的心念拥有造就身边世界的力量。”这个由朗达·拜恩（Rhonda Byrne）和她的百万销量巨著《秘密》（*The Secret*）大力宣传的概念，是深切的事实，但也是个严肃的问题：正向思考对你真的有用吗？

我们大多非常了解正向思考的重要性和物以类聚的原理。我们试着监控脑袋里的声音，将负念转化为正念。但实际上，如果正念无法冲击你的日常作息，那么不管你的想法有多正面，都无关紧要。虽然啰唆了点，但容我再声明一次：**“具有变革力量的，是你在人生中做了什么，而非你怎么看待人生。”**

当我开始写作生涯时，非常乐观。我在脑海里看到自

己获得一份接一份的合约，写出鼓舞人心的好书。但现实是，我花了时间写自己并未完全投入的主题，结果没有读者真正融入我写的内容。我耗费了 20 年，才终于明白这个显而易见的事实——我必须开始做我在想的事。我必须写我热爱的主题，而非其他人认为我该写的东西，最后的成果则是两本《星期日泰晤士报》(*The Sunday Times*) 十大畅销书。

日常仪式是一种表达我正在支持自己、照顾自己的方式。

——玛丽埃尔·海明威（Mariel Hemingway），美国女演员、作家

根据加州大学的一项研究显示，大脑是由行动所引导的，所以你应该从日常惯例着手。**如果你每天做的，都是正向的事，你的想法也会跟进。**请记得，“你的想法决定了你是什么样的人”，但这并不是故事的全貌，因为你反复做的事，更能决定你将成为什么样的人。

以我为例，不久前我觉得做任何事都被他人视为理所当

然，未获肯定。我一直保持微笑、乐于助人、尽心尽力，却觉得不被他人尊重。于是我决定每天花几分钟写感谢日记，真正聚焦于“心怀感激”的观念。不到三个星期，大家对我的态度好像都变了，人们会对我微笑，我的孩子开始帮忙做家务（全都是自动自发），编辑也送来一束花，给我惊喜：我的一本书出版了。

无独有偶，我在健康方面也有类似的经历。我不常生病，但每次生病，总不禁觉得自己遭遇了某种程度的失败，而这种负面想法，又反过来降低我的免疫力。

有一年我染上了可怕的流感，每一个人，包括我的医生在内，都说我起码要躺两个星期。患病的头几天，我努力维持正常作息，告诉自己可以对抗病毒，让身体好起来，结果反而更糟。于是我不再“告诉”自己立刻就会痊愈，转而采取行动。我决定完全抛开工作一个星期，给身心痊愈的机会。我拔掉电话线，给自己一点寂静、平和，结果不到三天感觉就好多了。

“我要做”比“我想要”有力量

你想要见到世界发生什么改变，就从改变自己做起。

——甘地，印度独立运动领袖

本书里的21项仪式将向你证明，想引导成功和幸福进入你的人生，行动胜于空想或空谈。这些仪式将证明过去一二十年来，全球各地科学家和心理医生的发现——“我要做”的力量远比“我想要”来得强大。

不过，如果要取用这无限的可能，你必须全心全意地投入仪式，不能半调子，只在心血来潮或记得的时候做。毕竟，谁想帮助半调子的人呢？比方说，你不会支持一个老是在比赛中半途而废的赛跑者，但很多人发誓改变日常惯例时，就是如此。这个世界凭什么要回应你呢？

这本书不仅解释“我要做”改变人生的力量，也将证明行动——执行某种仪式，而非凭空想象——如何让这个世界站在你这边。你将学会理解仪式的意义并化为行动，以吸引各种奇妙的事物进入你的生命。

多年前，我开始在自己的生活中实践小小的改变，也看到正面的成效；但使我坚信行动胜于想象的时刻，是缘于以下这个我视为个人突破的瞬间。

我常在著作中谈到“爱自己”对于成功和幸福的重要，我也常推荐某些运动或箴言。某一天，我的助理金（Kim）建议我在 Facebook 粉丝专页上上传谈我写作内容的视频。

当一个不露脸的作家这么久，抛头露面自然令我心惊胆战。我用手机试录了几段，感觉都不太恰当。金一直要我选一段上传，我却一直找借口，说还需要时间想想。其实我并不需要时间，我只是担心别人会怎么看我。最后她告诉我，只管上传就是了，并直言显然我不够爱自己，不够相信自己。我说过的话，自己并没有身体力行。

这番话锥心刺骨，因为她说得一点都没错。我应该义无反顾地做就对了，并多爱自己一点，就算反应不好，也不必放在心上。所以，在我录下第一段短片前，我告诉自己我爱我这个人，不管别人怎么看我，都无关紧要。我对着镜头里的自己微笑，拍了张自拍照，鼓起我所有的信心，对自己说了句："我爱你。"然后录了视频上传。

网络上的反应令人振奋。往后几个星期，我在每次发布视频前，都重复同样的"爱自己"仪式。随着我对自己的信心倍增，点击量迭创新高（其中一段视频在一夜之间甚至有13万次的点击量，而且零负评），太惊人了！我顿时了解，那么多年来，我用"意念"告诉自己该多爱自己的结果，并未取信于这个世界。我必须表现出来，用我的行动向这个世界大声说明："我以自己为傲。"至此，我真正了解了仪式改变人生的力量。

仪式，让平凡的事感觉不平凡

仪式是你展现认真对待的方式。仪式是不熄灭的火花。

——克里丝蒂娜·鲍德温（Christina Baldwin），美国作家

现在我必须强调仪式和习惯之间非常实际而重要的差

异，因为本书谈的是仪式的力量，而非习惯的力量。习惯是不假思索、非刻意进行的无心之举。反观仪式，则是充满神圣感的行动，因为当你实行时，你会赋予仪式深刻的个人意义，因此它便成了成功和幸福的磁石。

已有许多研究证明，仪式拥有改变人生的力量。兰开夏大学（Lancaster University）数名心理学家进行的一系列调查，揭露了引人入胜的新结果：个人仪式可以也确实会对人的思想、感觉和行为造成冲击，且互为因果关系。**本书介绍的每项仪式，都有科学研究支持，**我也会陆续在内文提到一些研究。

持续 21 天，是为了刻意形成习惯

> 只要确立仪式或新的习惯，就不必运用任何意志力了。
>
> ——罗宾·夏玛（Robin Sharma），加拿大领导力大师

心理学家马克斯韦尔·马尔茨（Maxwell Maltz），曾于

20 世纪 50 年代担任整形医生，那时他开始注意到，他的患者大约要花 21 天来习惯他们的新脸孔。这项观察促使他思索，自己需要多长的调整期来建立新的行为。结果他发现，自己最少要 21 天才能建立一项新行为。1960 年，他在百万畅销书《创意的自我》（*Psycho-Cybernetics*）中传达了这个观点，而就从那时起，21 成为正向变革的魔术数字和灵感。

要确定某个习惯深入神经中枢——因此强大得足以触发正面的变革——你必须从第一天就开始，而后积极持续 3 个星期。你不需要告诉自己得一辈子如此，只要 21 天就够了。等这 21 天结束，你可以选择要不要继续下去。

你很可能会继续，因为届时新的神经路径已在你的大脑形成，你已经看到成效。但你还是得给自己的意识一个选择的机会，因为“意识”喜欢认为自己有掌控权。如果你对自己的意识说这项新仪式终身适用，它很可能会反抗，因为它还没见到长期的效益。你必须先向自己的意识证明，这些效益都是真的。

你也许觉得这样和自己说话很诡异，其实不然。我们一直都在脑袋里对自己说话，而“正面思考运动”也就是围绕着这样的自言自语，建立了一个自助励志的产业——《秘密》。[①]

任何仪式都是一个转变的契机。

——史达浩克（Starhawk），美国作家

本书的写作将配合日常作息，首先为你起床的仪式注入充沛的能量和资讯，再为白天的仪式稳定地供应动力和建议，最后减少需要处理的资讯量，用简单、和缓的仪式，协助你带着满足感进入梦乡。

仪式是否有用？你自己能证明

幸福并非来自许多个卓越的大成就，而是来自日复一日锤炼出的小小优势。

——吉姆·罗恩（Jim Rohn），美国企业家、作家及励志演说家

① 澳大利亚作家朗达·拜恩的著作。——编者注

说到达成人生的目标，美国心理学会（The American Psychological Association）的研究显示，我们的日常惯例比自律和自制更重要。而接下来的 21 天，我要请你自己证明仪式改善人生的力量。

1983 年，美国作家托尼·罗宾斯（Tony Robbins）凭借一股热情，想改变自己的人生。他已来到谷底，觉得自己一败涂地；无论身体、情绪、精神还是心灵，都觉得贫乏枯竭。他体重过重、抑郁，独居在一间没有厨房、得在浴缸洗碗盘的小公寓里。

他决定不能再这样下去，所以做了改变自己一辈子的事。他改变了他的思考方式和例行事务，而他建立的第一个习惯是写日记。他写下所有再也不想要的东西，以及真的很想拥有的事物，引用他自己的话："我把所有限制的信念都抛在一边，带着日记坐在沙滩上。"

接下来几个小时，他不断地写出理想人生该是何种面貌，并给自己设定期限，来达成那些目标——从明天到未来的 20 年。他并未停下来思考这些目标可不可行，而只是把它们写下来。往后数日到数星期，他开始设定自己可以努力达到的里程碑，然后一次又一次回归日记，厘清他想要成为什么样的人和他梦想的未来。

就连托尼自己也很惊讶，有多少写在日记簿里的目标，竟然在短时间内陆续成真。光是写下他的目标，就帮助他更透彻地洞悉未来，且完全改变他的生活。他不仅写出了销售量达数百万册的励志书，还成为世界最知名、最成功、最具影响力的人生导师。

这就是我希望本书可以为你做到的事。希望它能在任何可能的面向，让你的人生更美好；希望它能鼓励你去证明：你做的事情会决定你是什么样的人，对你来说凡事都有可能，而幸福和成功，是你每一天都能做的选择。

仪式可以帮你摆脱焦虑

没有仪式的人生是空虚的。

——佚名

研究一再证实，光是在你的人生建立更多仪式，就是人生最重要的部分。**重要的不是仪式的内容，而是那个仪式是你的。**畅销书《为什么我们的决定常出错：哈佛商学院的9堂心理课》（*Sidetracked:Why Our Decisions Get Derailed, and How We Can Stick to the Plan*）作者、哈佛大学教授弗朗西斯卡·吉诺（Francesca Gino）表示，你的**仪式越个人、越常进行，它就越有力量。**

我们常像无头苍蝇一样，在人生当中冲来冲去，但仪式确实能强烈冲击你的感觉和表现。如果你曾在喝酒前举杯敬酒，或在吹生日蛋糕的蜡烛之前唱《生日快乐》，这些就是让你聚焦于要吃喝东西的仪式，如此一来，你会更享受它们的滋味。有人称之为“品尝这一刻”，而研究证实，品尝是最重要的幸福推进器之一。你或许听说过，“当下的觉察力”（present moment awareness）其实也是“正念运动”（mindfulness movement）非常重要的一环。

其他研究显示，表达性的书写仪式，确实可以帮助你感觉舒坦一些，特别是在悲伤和失落时。而个人化的仪式也已被证实，能减轻重要事件前的焦虑，甚至疯狂的仪式，比如穿“幸运袜”，也可能对结果产生强大的影响。再强调一遍，重要的不是仪式的内容，而是该项仪式带给你什么感觉。

如果到现在你还怀疑上述证实个人仪式力量的研究，其实也不打紧。这些研究更令人兴奋的是，它们证明了“相信”仪式的力量并非必要条件。当然，有信念的力量加持，仪式会运作得较好，但如果你不信，仪式仍可运作。重要的是，你是否理解该项仪式对你个人的意义，而更重要的，则是你真的实行了仪式。

为何我们会忽略仪式显而易见的好处

> 这是个简单的仪式，但好处不胜枚举。
>
> ——米丽亚姆·温斯坦（Miriam Weinstein），美国作家

让我带你回到本书的开头，我提到一场“关门实验”，其中每个人都聚焦于开门的提示，却没有人去试这件明显的事：看看门是不是真的锁上了。我们把所有焦点和力气集中在自己的想法上，结果却忽略了科学证明的事实：我们的行动比

我们的想法更具变革力。

所以，或许你和数以百万计的其他人一样，都试过正向思考和祈祷，而后放弃，因为你的人生并未因此好转。

正向思考可改变人生的理论，听来太美好、太容易而不大可能是真的，对不对？真相是，**光用“想”的不可能让人生好转——你必须采取行动。**采取行动，“去做”，就是那道没上锁的门——显而易见，这是一条通往美好人生的途径，我们却视而不见。但为什么它会遭到忽视呢？深呼吸。是该听一些逆耳忠言的时候了。

· 我们正向思考了，但没用脑

我们或许误解了正向思考的真义，认为思想具有让事情发生的神奇魔力，但如果我们坐下来，把事情想个透彻，就会知道这种事情只可能在电影《X战警》里发生。在现实生活中，我们必须采取行动。

让我举个例子。假设两个运动员都怀有成功的梦想，但其中一个人训练得更努力，也更久，最后他赢得了奥运金牌。

两个人都相信他们会成功，而相信自己是成功的要素；但造成两者结局不同的原因是，奥运冠军还采取了确保胜利的必要行动：训练得更勤奋。

· 不愿意多走一点路

一旦面对必须辛苦工作以达成目标的挑战，我们大多宁可选择慢慢来，或追求熟悉的安适。我试着避免用“懒”这个字，但没那么容易。

容我再举个例子。找个孩子问问，他想要待会儿吃巧克力，还是现在就吃。大多数孩子都会选现在。想要即刻的满足，不想为了长期利益而延迟满足，这是人性。

· 害怕鹤立鸡群

人人都喜欢有归属感，然而当我们开始变得自律而专注、朝正向的改变迈进时，我们很可能会失去朋友。他们一旦看到我们力图振作，可能会难以调适心情。如果周遭的人觉得彷徨失措，却没采取任何行动以解决问题，“同病相怜”这句成语便会浮现在他们的脑海中，这些朋友想把你拉回舒适圈。

脱颖而出、做出最好的表现需要勇气。这句出自塞缪尔·L. 杰克逊（Samuel L. Jackson）的佳片《卡特教练》（*Coach Carter*）（这部片阐明行动和日常仪式的力量，因此我们强力推荐）的台词道尽一切：

> 我们最深的恐惧并非自己不够格，而是我们的力量无法测度。我们最怕的不是我们的黑暗，而是光亮。你故作卑微，并无法造福世界。你避让退缩，让他人不会对你感到不安，也毫无意义。我们生来注定灿烂耀眼，就像孩子那般。不是只有某些人这样，是人人如此。

· 无法全神贯注

当我们想到一辈子都得做某件事时，是很难维持动力的；但如果把时间缩短成接下来的三个星期，你的大脑就比较可能让你投入。“一辈子都得……”永远会让人失去动力，三个星期是大脑可以处理的。

·觉得乏味

我们之所以觉得改变很难，最明显的原因就是乏味。许多研究显示，你从一项活动体验到多少意义和乐趣，与你从事那项活动的频率息息相关。这就是为什么本书介绍的所有仪式，都要解释其心灵上的意义，这样才能在你内心深处产生共鸣。

请记得，本书旨在探讨改变人生的仪式，而非改变生活的习惯。如果我只是敦促你改进生活方式，就是在说明要把对你有益的习惯融入生活。虽然那是很好的起点，但如果不为这些行动灌输意义，长期成功的希望会严重受限。此外，本书也十分强调乐趣，**书中的仪式没有一个会让你觉得乏味，**因为它们极具刺激性。

·我们尚未转到自动模式

如果你曾学过乐器或受过某种运动训练，你就会明白，是不断重复的练习带给你回报。如果你错过一天的练习，就要付出第二天表现不佳的代价。你必须**练到这些动作成为你的第二天性，不必再想技术问题，**只要思考演出或制胜策略即可——这就是所谓“无意识能力”（unconscious competence）。投入日常仪式也是如此，你不能放自己一天假；日常仪式需要成为你生命的一部分，久而久之，它们就会让你有精确的演出或实现你的人生目标。

你应该会在三个星期左右开始看到成效，所以到那个时候，更可能让这些改变成为永恒，因为你已经看到正面的效益了。

仪式前的预备动作——感觉对了

> 仪式在找寻我们。
>
> ——《仪式》，Shaman 乐队

多年来，我针对习惯和仪式的力量进行了广泛的研究，本书的 21 项仪式就是从中提取的可使人生更美好的仪式。

但请记得，重要的不是仪式本身，而是你赋予它的个人意义。你甚至不必相信你的仪式，但确实需要让它专属于你，因此，就用本书提供的仪式作为起点吧。务必了解它们背后的意义和你进行这些仪式的理由（书中每一项仪式都有说明），然后想办法让它们成为你所独有的。最重要的是，每一项仪式都要感觉简单而自然，且容易融入你的日常生活。**如果你觉得不自在或愚蠢，就修改它，直到感觉对了为止。**例如，如果你不热衷于写日记，也可以用手机录下你的自言自语。

进行本书的仪式时，你不需要焚香、蜡烛或其他用品，你也不需要任何预备性的阅读或准备，或刻意从忙碌的生活中拨出时间，因为它们花不了多长时间，每天总共只会花几分钟。你只需要敞开心胸，**愿意改变旧惯例，换种方式度过每一天，**用崭新的眼光看待世界，并明白什么对你有益就够了。

当然，你也可以选择将哪些仪式融入你的生命，但为了造就最剧烈的冲击和最有力的转变，我强烈建议你 21 项都做，每天执行。

在此也建议你在日历上标注开始的日期——最好是明

天——早晨醒来就以早晨的仪式开始，下午进行日间的仪式，晚上就进行晚上的仪式。你会发现，因为这些仪式感觉起来是那么自然，因而格外容易记得它们并将之融入生活。最重要的是，这些仪式不会消耗多少时间，只需一会儿就可全部完成。

> 不管要明白什么事理，仪式皆不可或缺。
>
> ——肯·凯西（Ken Kesey），美国作家

约定条款：

只有一个——建议你每天进行 21 项仪式，连续 21 天不中断。如果你有一天忘了做，就从第一天重新开始。这个条款没有例外，因为你的大脑至少需要 21 天来重接线路，接受一种新的仪式。照这本书的衡量标准，如果你能连续 21 天坚持进行 21 项仪式，使它们成为你的第二天性，你就成功了。

该期待仪式带给我什么?

要建立秩序，仪式比法律来得有效。

——乔纳森·陈（Jonathan Chan），香港作家

第一天不会是问题，因为一切都是崭新的，而你会急于向前走，尝试看看。蜜月期将维持数天。到了第四天左右，你很可能会面临挑战。俗话说得好："积习难改。"你可能会遇到各式各样的阻力，将你拉回原来的习惯。相信不需要我强调，你也明白在这个阶段保持坚强有多重要。

到了第二周的尾声，你会开始进入"心流"（flow）的阶段——仪式感觉比较像是你生命里自然、惬意的一部分了。你进行仪式前的人生，感觉已翩然远去，你也开始感受到一些效果了。（编者按：心流是指个人精神力完全投注在某种活动上的感觉。）

如果你已经来到第二周的尾声，鼓励一下自己，因为将仪式完全融入生命的这条路，你已顺利走完一半，即将来到

无比重要的、象征性的21天里程碑了。

在每一项仪式结束时，你会看到“在记事本里写下”板块——提醒你要在记事本里写下该项仪式的效益，以及在这一天观察到的事：仪式如何将神圣带入你的生命，如何为你的人生带来正向的转变。

人生是爱与结合的仪式。

——维希瓦·查凡（Vishwas Chavan），作家

最后，我想趁这个机会，邀请你向我证明这21项改变人生的仪式的效用，看它们是否真能让你的人生更美好。在你完成这21项后，请务必和我联系。我竭诚欢迎你提出任何意见。

好了，准备好踏上这段为期三周的旅程，迈向更快乐、更成功的人生了吗？赶快加入，就从满怀决心地醒来开始吧。

目录

CONTENT

第二部

成功人士都在做的标准动作，天天如此

第三部
睡前的仪式行为，让明天又是美好的开始

第一部

意志力在早上最强，你需要这些起床仪式

如果你想心满意足地就寝，每天早上你都要满怀决心地醒来。

——乔治·洛米耶（George Lormier），美国作家

以下七项仪式都应该在你一觉醒来，出门上班、上学或展开日常作息之前进行。我会称这段时间——多数人通常拿来梳妆打扮、吃早餐、匆匆忙忙为一天做准备的时间——为你的“强效时间”，因为**你在这个时段的作为，会为一整天剩余的时光定调。**

你前一次兴高采烈地醒来跳下床、急欲展开新的一天，是何时的事？也许是生日或大喜之日？也许是因为得赶飞机或开始新的工作？也许那要回溯到很久很久以前，你小时候的某个圣诞节早上？

无论你兴奋醒来的原因是什么，我都希望你回想，醒来时活力充沛、真心渴望享受一整天的每一分钟是什么样的感觉。说穿了，本书讲的就是重新开创这种经验：感觉美妙地醒来、渴望开启这一天，进而一辈子都抱持着目标过生活。

1 继续在床上做梦，或早起追逐你的梦

我没有认识哪个伟大卓越的人士，早晨是晚起的。

——乔纳森·斯威夫特（Jonathan Swift），英国作家

《哈佛商业评论》（*Harvard Business Review*）上刊载的多伦多大学的数项研究证实，**早起和实现人生梦想之间呈正相关。**凡事都有例外，不过早起的人会比睡懒觉的人，来得健康、快乐、苗条、正向，通常在人生和工作上也比较成功。活力、积极与自律是天天早起的必要条件，也是取得伟大成就者共有的特质。

换句话说，有生产力的成功人士不会赖床。对他们来说，早起是神圣的仪式，很多成功者都曾公开指出，这是人生成

功的关键。如果你觉得早起很难，那么掌控你的晨起作息，将为身体带来冲击，但这或许是正要开启正向变革的你目前所需要的。

不过，你必须先了解早起的益处，才能让它成为增加个人意义和重要性的活动——换言之，将它仪式化。

早睡早起让人健康、富裕又睿智。

——本杰明·富兰克林（Benjamin Franklin），美国政治家、科学家

所以，早起有哪些益处呢？许多益处非常明显，但仍值得一书。

·赢在起跑点

每天早起，你就比多数人先开始这一天，这能让你领先一步，从起床的那一刻就点燃斗志。所以，如果闹钟响了，但脑中有个声音告诉你，再睡 5 分钟没什么大碍，别理它。提醒自己，赖床会害你处于劣势。如果你一早就能

管控心里的那个声音，那什么也挡不住你，因为你已拥有赢家的心态了。

· 提早起跑，使你有士气

知道你在比赛中领先，能激励你的士气，而这股激励将提升你一整天的生产力，你也有较充裕的时间完成该做的事。

· 掌握这一天的主控权

赢在起跑点，能带给你所需要的安静时间来计划这一天，并有效地管理目标和活动。这让你感觉有条不紊、井然有序，觉得自己能掌控这一天，而不是这一天掌控你。

· 安静平和

清晨时光之所以如此美好，最重要的是因为，这时多半静谧又祥和（之后我将进一步阐述安静平和对专注的重要）。

· 拥有进食和运动的时间

如果你早起，你更有可能吃一顿健康的早餐。研究显示，要追求理想的身心健康，早餐是最有利的一餐。如果你一早就做些运动，这会赋予你更充沛的活力和专注力来面对这一天，你会觉得自己战无不胜、攻无不克。

· 早上想事情，以余裕形成创造力

许多早起的人都表示，他们一觉醒来后，会先进行最需要思考和创意的工作。所以如果你一直期盼写一本小说，不妨跟着海明威（海明威的早起是出了名的）等巨擘的脚步走，不妨运用这段时间写作，或从事任何鼓舞你的创意工作。

在早上想事情。

——威廉·布莱克（William Blake），英国诗人

以往我是绝不会有睡眠困扰的人——事实上，不管在哪

里，我都能睡得很沉。在我20多岁，不必赶着上班，又没有其他非做不可的事时，我可以轻易地在床上打发一整天。我的问题不在于睡，而在于醒。我唯有在非下床不可时才会醒来，强迫自己下床。甚至当我必须起床工作或做其他事情时，我也慌张匆忙，很少准时到达我非到不可的地方。我算是永远会迟到5分钟至10分钟的人。

说来奇怪，我偶尔也会在凌晨四五点醒来，眼睛睁得大大的并精神饱满。这时我会起床，享受一个美妙的清晨，做好迎接这一天的准备，整理一下思绪。但这些早晨十分罕见。前一晚我会尝试把闹钟调早一点，这样就能有一个没压力的早晨和高生产效率的一天，但懒惰的自我从来没让我达成这件事。就算我真的把闹钟调早，但只要它叫醒我时，我还觉得想睡，我就会再躺回去。

我想到什么点子改善呢？我告诉自己，如果当闹钟响起时不马上起床，这一天将无法达成应有的效率，一天的成败就取决于能否立刻起床。这听起来不合常理，但这种方法对我有用，因为我本身可能有点迷信。例如，我不在梯子底下走。我在心里默默告诉自己，不早起会引来厄运，当然这个方法可能对你无效。

你可能比较喜欢我一个朋友的做法——运用“警语”，这相当有戏剧性。她写了一封电子邮件，预设在早上七点发送，这封邮件告诉所有收件人，它会被送出去是因为她还在睡觉，只要回信就能获得一英镑。她拉了一大串收件人，因为怕自己晚起而白花钱，所以她每天早上都准时起床，以便阻止邮件寄出！

这种叫你起床的方式相当有戏剧性，但对我朋友来说，却有百分之百的成功率。我认为更有效（而且可能没那么昂贵）的方式，是把你的闹钟摆到房间的另一头，让你不会受不了诱惑而去按贪睡钮。买闹钟时，要选择闹铃声不会吓到人的产品。你也可能想投资一盏有自然光、能叫你起床的灯，在寒冷的冬天早晨特别有帮助。

我个人比较喜欢广播或音乐演奏，胜过传统的闹铃声。不论你做何决定，切莫让闹钟成为每天早上惹怒你的物品。你会希望你的一日之始，尽可能积极正向。

当我养成了早起床的习惯之后，我的人生就慢慢好转了。我觉得比较平静、比较有掌控力，也不再急急忙忙，就像生怕迟到似的。我是在快 40 岁、生了两个小孩后，开启我的早起仪式。我知道得做一些激烈的转变，因为我的人生乱七八糟。我一再得到写作的机会，却赶不上截稿日；也一直试着腾出一些独处的时间，但当然，因为被两个小孩绊住，这非常困难。

我早起两个小时，就是送给自己两个小时的礼物。我就是利用这段神奇的清晨时光，写出我的第一本“《星期日泰晤士报》十大畅销书”的。在那之前，我撰写和代笔了很多本书，都卖得不错，但这是我第一本突围而出的著作。我由衷地相信早起并在这段神奇的安静时光写作，是成功的奇迹要素。

但我就是爬不起来，怎么办？

晨间散步是一天的祝福。

——亨利 · 戴维 · 梭罗（Henry David Thoreau），美国作家、诗人

一样米养百样人，不想早起的理由也有千百种，但最常见的如下。

· 我不是早起的鸟儿

你向来喜欢工作到深夜。好，如果你的情况如此，试试早起仪式，如果它没有让你的感觉和工作更好，弃之不用也无妨。

另外，如果你半夜两点就寝，通常上午 9 点起床，你不必改成清晨 5 点起床。如果这是你的生活方式，那么改成 7 点起床，对你来说就算早起；在你的世界，就比之前提早两个小时了。另外，哈佛研究显示，夜猫子可以通过提早外出、沐浴早晨的日光来重设生理时钟或昼夜节律。

· 缺乏早起动力？让自己忙碌、不得不早起

如果是因为没有那么多事要做而不想早起，那就让你的一天充满待办事项吧。人生有那么多刺激和美好的事可以做，真的没有借口说无事可做。把约会的时间，甚至不重要的约会，如理发或与朋友共进早餐等，提早一点，让你非起床不可。

· 我就是爬不起来

如果你醒来之后，老是觉得倦怠无力，觉得不可能抗拒贪睡钮，那就如先前建议的方法，把你的闹钟摆到房间的另一头，让你得起床才能关掉它。找出适合你的办法，“威胁”或强迫自己下床。

· 我需要睡眠

我们都需要有品质的睡眠，但需要的睡眠时间其实没有我们认为的多。研究显示，对多数人而言，6 到 8 小时的睡眠最为理想。除非你有医疗需求，否则真的不需要睡超过 8 个小时。如果你担心睡眠不足，那就提早一两个小时就寝。

如果你习惯睡比较久，为了让身体适应较少的睡眠时间，请循序渐进进入早起仪式。

如果你平常七点半起床，不要马上就把闹钟设定在 5 点。先提早 15 分钟，等你习惯了这个起床时间，再提早半个小时或 1 个小时，直到达到目标早起时间为止。你甚至可以再保守一点，每天比前一天早起 5 分钟。方法是其次，重要的是要养成比平常早起的习惯。

· 工作时间不允许我早起

当然，有些职业、夜班和生活方式需要比较晚的作息，**但比平常早起，在上班前给自己一段“强效时间”，**仍是有可能的。

早起的仪式

好，闹钟响了，而你只想按贪睡钮，回去继续睡。这里有个简单的技巧，当闹钟一响，先深吸一口气、伸展四肢，大声说出：“现在起床。”然后翻个身，让双脚踩在地上。接着深吸一口气，站起来，再做一次伸展。你也许会觉得这样大声自言自语有点奇怪，但相信我，这真的有用。

我们觉得起床很难的原因，是不容易离开舒适温暖的被窝，赖在床上的诱惑总是那么强烈，但请提醒自己，早点起床会为美好的一整天定调。

我喜欢进行晨间惯例的原因是，那不仅为我的一天灌输使命感、平静和仪式，还能确保我在早上一定会完成某些事——也就是我的目标。

——利奥 · 巴伯塔（Leo Babauta），美国作家

无论你是早起的鸟儿还是夜猫子，早点跳下床都是令人兴味盎然的事。为了确保你不会在就寝时，一心想着要早起；等黎明真正到来时，按贪睡钮的诱惑又太过强烈，因此建立具有意义的早起仪式格外重要——属于你个人的意义。

之所以会请你这么做，是因为当我们醒来时，可能身体已经醒了，但脑袋还没醒；而要唤醒脑袋，有一种强而有力的方式，就是为它灌注意义。

因此，当你站起来时，请创造你自己的清晨仪式。这会建立架构，为你的一天提供一贯而稳固的基础。你做事的次序并不重要，重要的是你做的事都像刻在石碑上，接下来 21 天都不会变，而你了解这项仪式对你开创成功的一天有多重要。毕竟，这是你自己的晨起模式，所以请给它应有的敬爱与尊重。

以下是我建议的一种仪式，但我更鼓励你创造自己的仪式。

早上 6 点起床，复诵一句肯定句来庆祝新的一天。例如，“我选择快乐”或“我办得到”。

先下床、伸展一下，冲个澡、穿衣服，吃健康的早餐，避开糖分和咖啡因，以免之后还得戒糖瘾——糖和咖啡因都会引起血糖震荡，可能导致活力衰退——摄取蛋白质，平衡血糖浓度及提供持久的能量。

在记事本里写下：

改变人生的仪式：早点起床。

理论：这能让我赢在起跑线，提升一整天的品质。

练习：在每一天的尾声，写下当天多做了哪些待办事项，再回想自己有多正确地落实晨间仪式的细节，两相比较，看看是否有关联。

早起真的有好处？试一试便知

五更起床，百事兴旺。

——俗谚

在你尝试连续早起 21 天，给你的身心完全适应新惯例的机会之前，你无从确定早起能否使人生更美好。换句话说，现在你有了早起的动力，你在测试一个理论。请记得，如果你在 21 天后没有见到成效，弃之无妨。但是，基于学术研究所认定与早起有关的种种好处，你真的值得试它一试。

这一路有许多障碍需要克服，但最重要的是不要停止。就连比平时早起 10 分钟都是正确的方向。如果你赖床一天，就必须从 21 天计划的第一天重新开始，但这也没什么大不了的，这样没什么不对。

事实上，从第一天重新起步，能给你更多动力和诱因，向自己证明你能够自律，在接下来的三个星期中把这件事贯彻到底。

我们的心胜过床垫。

——罗宾·夏玛

罗宾·夏玛是举世闻名的个人发展大师，百万畅销书《卖掉法拉利的高僧》（*The Monk Who Sold His Ferrari*）的作者。他早起且注意到早起仪式是全球成功者的关键成就要素。约翰·格里沙姆（John Grisham）的犯罪惊悚小说震惊了全世界。他每天早上5点起床，来创造他的杰作。众所皆知的英国前首相“铁娘子”撒切尔夫人也是清晨5点起床，数十年如一日。维京集团创办人及董事长理查德·布兰森（Richard Branson）在清晨5点45分左右起床，就连在私人岛屿放松时，也会故意打开窗帘，让阳光唤醒自己。

其他清晨5点或更早起床的名人不胜枚举，包括美国前总统奥巴马一家人、苹果公司CEO蒂姆·库克（Tim Cook）、百事可乐前CEO因德拉·努伊（Indra Nooyi）、美国演员马克·瓦尔贝里（Mark Wahlberg）、星巴克CEO霍华德·舒尔兹（Howard Schultz）、时尚编辑安娜·温特

（Anna Wintour）、彼得大帝（Peter the Great）、克里斯托弗·哥伦布（Christopher Columbus）、乔治·华盛顿（George Washington），以及托马斯·杰斐逊（Thomas Jefferson）等，早起简直可以说是他们的共同之处。

做就对了：早点起床！

所以，从明天开始，就创造早起的仪式吧。这会需要一段时间调整，你不会马上觉得聚精会神、神采飞扬和创意十足，但请坚持 21 天，测试这个理论。数百万名超级成功人士不可能搞错的。

每天早上，你都有两个选择——继续睡、继续做梦，或起床追逐你的梦想。由你自己选择。

——佚名

2 先伸懒腰再抓手机，帮助清醒

我每天早上醒来都令自己吃惊。醒来的是全新的我。

——吉娜·卡拉诺（Gina Carano），意大利裔美国演员及武术家

我们都干过这种事，我也不例外。闹钟一响，当我们神志够清醒时，所做的第一件事就是笨拙地伸出手、抓手机，看看有没有什么急事。时至今日，就连不特别沉溺于科技的人，也倾向于把查看手机信息、短信、电子邮件、动态更新等当成每天要做的第一件事。有超过六成的智能手机使用者表示，会把手机放在床头柜充电，以便早上一觉醒来就能轻易地找到它。

这里的仪式请你别再这么做了，先伸个大懒腰吧。

我已经明白要爱自己，因为每天晚上我都和自己一起睡，早上和自己一起醒。

——加布蕾·丝迪贝（Gabourey Sidibe），美国女演员

如果你醒来的第一件事是抓手机，那么你就对大脑传递了这个信息：别人的需求——你手机上的信息——比你自己的还重要。这个简单的动作会支配你一整天。在一天清醒的前几分钟，重要的是把自己放在最重要的位置。承认你自己的重要性和需求比什么都要紧，这不叫自私。事实上，这是你所能做的最不自私的一件事，因为连你自己都没有的东西，你根本不可能给别人。

把查看手机当成第一要务，会抑制一整天的身心状态。好好做个手臂或全身伸展、打个哈欠，才是只对你一个人好的事。

这项仪式听起来非常简单，但做起来其实没那么容易。近年来手机成瘾的情形越来越令人忧虑，如果每天早上做的第一件事是看手机，表示你已经开始对科技产生不健康的依

赖了。有些人完全离不开手机，一旦手机坏掉或遗失，就会彻底崩溃，仿佛整个人无法运作。

一份近期的研究报告显示，英国人平均每天要查看手机 50 次以上，令人咋舌。美国研究人员甚至设计了一份 20 分制的问卷，来了解人们手机成瘾的程度。手机成瘾的现象越来越普遍，而它对你人生的伤害，甚至不亚于酒精或赌博。

另外，有研究显示，在电子装置旁睡觉，可能会妨碍睡眠，所以睡眠专家建议把那些玩意儿关掉，或放到另一个房间。我并非建议你立刻停止使用手机（在这个年代是不可能的），而是要降低手机在你人生中的重要性。对你而言，手机绝对不该比你的幸福重要，而这项仪式就是要你以自己为主。这得靠你不和手机一起上床睡觉，当然也不要和手机一起醒来。

用伸个大懒腰、打个大哈欠来代替抓手机，最明显的好处就是让你感觉愉快，也能帮助你清醒。研究显示，伸展能增进灵活性、纾缓紧绷、促进循环。简单地说，伸懒腰是迎接这一天的完美方式。

让你梦想成真的最佳办法，就是醒过来。

——保罗 · 瓦莱里（Paul Valery），法国作家、诗人

几年前，在鲜少使用手机过了大半辈子之后，我突然因为工作的缘故，开始和某个人（让我们用“大卫”称呼他）联络，他提出了我从没想过的构想：用网络营销我的著作。大卫只用短信和信息与我联系，一开始我虽然很抗拒，却忽然发现自己深陷在21世纪科技的世界里。在那之前，我仍觉得电子邮件很厉害，但现在我真的走在时代尖端了。我非常感谢这次冲击，因为它帮助我克服了对所有网络事物的过敏，现在我很喜欢经营Facebook上的作家粉丝专页，因为那让我得以和读者建立更直接的联结。

然而，大卫也似乎永远在发短信和挂在网络上，不出几个星期，随着我们研拟一项事业计划，我被拉进这个网络世界。一开始我觉得兴奋得不得了，但随后开始感觉这越来越像负担。

有些夜晚，我手中会抓着手机入睡，生怕错过重要的信息而耽搁计划。大卫从来不下线，好像都不用睡觉似的；无

论我什么时候上线，他一定在线上，看着、等着。让我也觉得，自己需要像他那样时时提高警觉。

朋友和家人开始习惯我埋头在笔记本电脑或手机里——以往，它通常幸福得悄然无声，现在时不时忽然“哔哔”作响。那一整年，**我永远处于上线状态。但讽刺的是，那一年也是我这辈子到目前为止，最没有生产力的一年。**不只所谓的事业计划无疾而终、写作进度缓慢到近乎停滞，我更失去朋友，惹得我爱的人不愉快，因为在我们碰面时，我的思绪一直萦绕在手机上。最后，连我都开始觉得自己对手机上了瘾，而我必须戒掉它，回到我最爱做的事——和我爱的人在一起以及写作。但问题是，手机已占据我生命很大的一部分，我不知道该怎么下线。幸运的是，我把手机搞丢了。

我还记得，当我翻遍包包却怎么也找不着手机时，那排山倒海而来的恐慌。我记得最后一次使用是在某家咖啡馆，所以便二话不说冲回去找，但咖啡馆已经打烊。我真的开始汗如雨下，而弄丢手机的反应让我脑袋一片空白，完全忘记要去学校接女儿的事。最后，我想起这件事，请朋友打电话给女儿，让她知道我在路上了。

但这一路上，我的心思仍一直在手机上，感觉好像断了胳臂或一条腿似的，简直疯了！就在此时，我睿智的益友看着我说："嘿，只是部手机嘛！你可以换一部，用同样的号码就好了。特里萨，你完全失去理智了。"这时我才恍然大悟，这一切有多荒唐。但我确实一直到手机离我而去时，才真正明白个中道理。只要手机还在身旁，我就无法抗拒它的魔力。

那天晚上我回到家，心里的羞愧大过失去手机的焦虑。随着夜幕低垂，我了解了其实还有其他方法可以联络重要的人，才慢慢平静下来。好几个月来，我第一次真的和人对话，而不是传信息，感觉挺好的。那一晚我睡得好极了。第二天起床，明白我抓不到手机、手机挟持不了我，是幸福无比的事。起床再也不像压力沉重的苦差事，而是乐事一桩了。

第二天早上，我前往咖啡馆，亲切的店员把手机交还我。重回手上的手机，感觉好像陌生人或不速之客。我花了好几个小时才正确开机，查看我的信息。当然，里面有数十则未读信息，但随着我划动屏幕浏览后才了解，这些信息根本没有一则称得上是重要的，以及如果没有遗失手机，我会浪费多少时间——读取和回复。

从那一刻起，我便不再重蹈覆辙，让我的手机接管我的人生了。晚上我总是把它放在另一个房间，并告诉我的亲朋好友，如果有急事，他们得打电话、而不是发短信或信息给我，因为现在我发短信和上线联络的时间有限。

关于这项事态发展最棒的结果是，此后我比之前更有效率和快乐一百倍，不光是工作和写作如此，人生的每一个领域都是如此。

要是我真的错过紧急的事，怎么办？

每天的太阳都是新的。

——赫拉克利特（Heraclitus），古希腊哲学家

只要是全新的做事方法，都会碰到阻碍。但在这个仪式的例子中，其实只有一个障碍：要是我错过真正紧急的事，怎么办？

这正是我弄丢手机时的反应，但事实证明完全错误。如果有人发给你一则信息或一条短信，而你没有立刻回复，不代表他们将会因此失去兴致或你将错失良机——事实恰好相反。

如果你立刻回复了，首先暗示对方你并没有那么忙，接着则是暗示你并未完全投入工作或生活。这不表示你不该在收到信息时回复，你当然该回复，但应该要在你自己决定的方便的时间回复。如果收到信息时，你刚好有时间，就马上回复也无妨，但如果没时间，可以等到你准备好之后再回复。

至于错过亲友的急事，除非是像被绑架这种极端情况（面对现实，这种事发生的概率极低，你不能老是惦记着这种可能性来过日子），如果真正紧急的话，他们会**打电话**给你，而非发短信、电子邮件或信息。

最后，如果你一直回短信和信息是因为担心如果不回复，别人就不会留在你的生命或不喜欢你，**担心如果你不立刻回复，别人就不想跟你合作，那么问题就不在于你怎么使用手机，而在于你严重缺乏自尊。**我希望这项仪式可以作为一个起点，让你明白，如果人们喜欢你只是因为你在他们需要的时候，永远找得到人和随传随回，那他们就不是值得你交往的对象。你值得真正重视你的人，而不是重视你能给他们什么东西的人。真正的朋友能理解和尊重你需要个人空间，会很高兴在你行有余力而非他们要求时，听到你的消息。

以这样的观念看待本书所有仪式，就能帮助你打造更幸福、更成功的人生不可或缺的基石——自尊。

伸懒腰的仪式

你也许觉得，用伸懒腰取代抓手机是全世界最简单的事。但如果你习惯一觉醒来先看手机，就会有一些难度，而需要一点计划。最实用的建议是，手机别摆在床头柜充电，也别把它当成闹钟。花点钱买一个简单、旧式的闹钟，并在睡觉时把手机放在另一个房间充电——这样就不会忍不住去抓它了。

一早，当闹钟响起，你可以躺在床上或站起来，伸个大大的懒腰，伸展身体和臂膀，同时打个哈欠。两种都做更好：在床上伸个懒腰，起身再伸一次。

做就对了：伸懒腰，先不要抓手机！

早上起床时，想想你能活着——能呼吸、能思考、能享受、能爱——是多么珍贵的特权啊。

——马可·奥勒留（Marcus Aurelius），罗马帝国皇帝

你也许好奇，我们有多少可能，可以把别抓电话、改伸懒腰这一点仪式化，其实这再简单不过了。让你的电话在另一个房间等你，你一边伸懒腰，一边感受，用伸懒腰来提醒自己承认自身需求的重要性是多么美妙的事。在这些幸福的时刻，只要想想让你感觉不错的事，其余都别想。世界和它的需求都可以等一会儿。现在，把焦点全部集中在自己身上就对了。

在记事本里写下：

改变人生的仪式：早上先伸伸懒腰，过一会儿再查看手机信息。

理论： 能让我在早上先聚焦于自己的需求，为一整天的时光定调。

练习： 观察一下，当你享受早上的伸展时，有什么样的感觉，不要用手机收邮件、看短信、确认待办事项列表来开始这一天。

如果早上醒来后的第一件事不是关于你自己，你一整天很可能都不会以你自己为主。引用动漫发布平台 Graphicly CEO 迈卡·鲍德温（Micah Baldwin）的话："找一件属于你、专属于你的事做。"伸展是强而有力的自觉、自爱行动，早上做些伸展，你这一天必将精彩绝伦。

一想到新的一天、新鲜的尝试、另一个开始，或许还有一点魔法在早晨后面等着，我总是满心欢喜。

——普里斯特利（J. B. Priestley），英国小说家、剧作家。

3 问一个问题刺激大脑："如果今天是人生的最后一天……"

过去33年，我每天早上都看着镜子问自己："如果今天是人生的最后一天，我会想做我今天即将去做的事吗？"每当一连好几天的答案都是"不"，我就知道我需要改变了。

——史蒂夫·乔布斯（Steve Jobs），苹果公司联合创办人之一

英国诺丁汉大学和新加坡国家教育研究院（National Institute of Education）的研究，证实了一件我们凭直觉就知道的事：**意志力在早上的时候最强**。如果把意志力想象成肌肉，你越常使用这块肌肉，它就越强健；但如果持续使用，时间一久，它也会气力放尽，变得没那么有效率。换句话说，

随着长日将尽，就有越多疲惫和外务分散我们的注意力，所以这不仅意味一日之计在于晨，也代表要以强大、有决心的专注力来开启一天，尽早完成重要的任务。

这个晨间仪式，是确定从你清醒的那一刻起，你强大、有决心的专注力就为一天的上午和这天剩下的时光定调。最好的办法是问自己一个简单的问题，也就是因为乔布斯而闻名的问题："如果今天是人生的最后一天，我会想做我今天即将去做的事吗？"

怀疑的力量是人类一切进步的基础。

——英迪拉·甘地（Indira Gandhi），印度前总理

如果你没听过"正向肯定"的力量，我会非常惊讶。但你一定听过"我做得到""我很出色""我讨人喜欢"之类的肯定句。把肯定句融入生活的人，无不功成名就，甚至连科学研究都显示，两者可能真的有些关联。

根据《拓展你的大脑》（*Evolve Your Brain*）一书的作者乔·迪

斯本札（Joe Dispenza）博士表示，正向肯定就像祈祷，或许有办法改变脑细胞，而你对自己的想法或信念，有可能影响你的感觉和身心运作。这理论在于：你大脑里的神经元联结你的思想，把思想组织成一种模式，当你越常以某种方式思考和感受，这种模式就越强大。正向肯定最终会瓦解负面的模式，而改用正面的模式取而代之。在科学上，便称这种现象为神经可塑性（neuroplasticity）。

其他在《心理科学》（*Psychological Science*）及《心理科学学会期刊》（*Journal of the Association for Psychological Science*）发表的研究也证实，正向肯定具有提振绩效的力量；还有其他研究强烈暗示，肯定声明真的有用。因此，基于所有来自科学世界的确证，你或许会怀疑，我何不在第 3 项仪式中建议你对自己说一些正面的肯定句。当然，这有好几个站得住脚的原因，这些原因不是我编的，而是出自实际探讨心智运作的学术研究。

首先，问题会限定思想运作的方式。问题形同催化剂和动因，每当你产生一个想法，它都是在回答一个疑问。换句话说，**问题是比答案更高层次的思想**，因为问题会刺激大脑进行更多活动。问题也会迫使你的心智往特定方向集中。在针对世界上最成功人士的研究中有一个共同主题，是他们**会将心力集中于如何实现自己的愿望，而非愿望本身。**问题赋予他们刺激、创造力、方向、动机和动能，以实现梦想。

问自己问题会刺激心智，让你找出答案和方向

> 别数日子过活，要让日子过得有意义。
>
> ——穆罕默德·阿里（Muhammad Ali），世界重量级拳王

既然你已经明白，要把镁光灯转向问题，而非肯定句，现在就让我们聚焦于问题本身。为什么乔布斯要特别问这个问题？原因很简单：有效。

是的，这是个假设的问题，因为如果真的可以那样做，多数人只会想和他们挚爱的人共度时光，而非过自己的人生。但让我们想象一下，如果你只剩最后一天可活，你会对什么事情真正充满热情。现在问问自己，你今天打算做的事，是不是你

在生命最后一天想做的。如果答案是否定的，那你必须问自己，为什么不整天做你喜欢的事。你必须连问这个问题至少 21 天，以刺激你的心智，找出有创意的解决方案和前行的路。

请深刻了解：你拥有的唯有当下。

——埃克哈特 · 托利（Eckhart Tolle），《当下的力量》作者

活在当下根本不切实际？正好相反

积极的变革难免会有阻碍，这个仪式更是如此。一个立刻浮现于脑海的障碍，是这种纠缠不休的感觉："兴高采烈地度过生命中的每一天，根本是不切实际的。"我们需要赚钱来养自己和我们照顾的人，就代表我们经常得去做不那么喜欢的事。

且让我们稍微分析一下。乔布斯的问题要我们做的不是不顾后果，而是仔细思考我们在未来这一天的行动。我们要扪心自问，今天的事重不重要，会不会给我们带来改变，或者今天又是一如往常的一天。

我们常迷失在日常惯例中，看不清什么才是真的重要。如果我们日复一日地做着无关紧要的事，就是一种负面、无法获得成功的生活方式。询问自己如果今天是最后一天，就等于是在问："假如你知道你活不过今天，你会不会换一种方式度过？""你还会做你原本打算做的事吗？"

人们往往以为"把今天当最后一天活"是不顾后果、任性妄为和不负责任的行为，实则不然。它代表的是要把眼前的这一天，当成**真正重要**的日子来过。

下面是一些小提示，可助你务实又愉快地把每一天当成最后一天来过。

·你相信你正在做的事（是有意义的）吗？

请记得，就算是无聊乏味的琐事，如果你看得出其背后的意义和全貌，那么你做的事还是有意义的。例如，没有人爱做家务，也没有人喜欢为工作或会议长距离通勤，但如果你爱你的家和家人，你就会明白为什么家务很重要；如果你在你的工作中找到意义，你就了解天天通勤的必要了。

·你爱你的工作吗？

当然，我们必须赚钱来照顾我们的挚爱和自己，但这不代表你必须做欠缺意义的事来赚钱。看一看周遭的世界，你会发现收入最高的人，通常热爱他们所做的事。热情里蕴藏着无坚不摧的力量，所以不妨设定这类目标：每天至少做一件让你感到惬意、乐在其中的事。

·你愿意为你的一天付出所有（尽力，而非应付）吗？

有一个简单方法，能让每天充满意义，就是为你遇到的每一个人、进行的每一项活动，付出百分之百的关注或心力。换句话说，做一个永远全心付出的人。别保留一半实力，要以你说的话和做的事情为傲。

·你知道忙碌和做重要事情的差别吗？

我们都过着越来越忙碌的生活，但请试着让自己去做真正重要的事，而不只是忙得焦头烂额。

·你在拖延你的梦想吗？

让每一天充满意义，不是不顾一切地追逐失落已久的梦想，而是按部就班、一步一步往实现些许梦想和热情迈进。

有许多长辈曾给我同样的忠告：不要拖延事情，以为你还有时间，因为忽然之间，当你某天一早醒来，一切都来不及了。换句话说，想做的事就赶快去做，别借故拖延了。

·你诚实地表达了自己吗？——向你爱的人

给予你生命中的其他人诚实的礼物。告诉他们（当然要温文有礼地）真相，也要忠于自己。趁你行有余力的时候，告诉你十分在乎的人你爱他们。关于“9·11”恐怖袭击时被挟持的飞机乘客，最令我刻骨铭心的是，当他们知道自己无法生还时，打给挚爱之人的最后一通电话。绝大多数的乘客并没有提到恐怖分子或不公平、怨恨，他们全神贯注于告诉他们在乎的人，自己有多爱他们。他们的遗言全是爱的絮语，他们最后的意义是爱。

·你过得愉快吗？

你的日子应该有某种乐趣。此时此刻，你是在这颗美丽的地球度过的时光，所以请好好善用它。做有意义的事，即便只是多陪陪孩子、开始写一直想写的小说，或在花园闲晃、在公园散步。今天是什么日子、天气如何或你必须做些什么，这些都不打紧，一定要**试着享受你正在做的事**。请记得，不甚完美的今天，永远比尚不存在的明天来得好。

问问题的仪式

要把乔布斯的问题融入生活，最简单也最有效的方式是，当你明晨醒过来，伸个舒服的懒腰，就先问自己这个问题。当你起身动作，或者更好的：当你的脚一接触地面，就把它当成你每天问自己的第一个问题。你可以在心里默问，但我个人觉得，大声念出来有效得多。

试试看吧。当你一觉醒来，大声地问："如果今天是人生的最后一天，我会想做我今天即将去做的事吗？"观察看看，说一句这样强而有力的话，会带给你什么感觉。

做了有意义，而且开心的事

把每一天当成你的最后一天来过；这一天你做得一定对。

——哈里·哈伯德·莫兰特（Harry Harbord Morant），英裔澳洲军官及诗人

当你问自己这个问题时，提醒自己，改变不是在以后或明年发生，而是当我们承诺改变的那一刻，就已经发生了。**许多人花了大半辈子希望事情好转，却什么也没动手去做。**就好像我们在观赏自己的人生，“看看会发生什么事”，但没有真的去掌控它。

因此，要将这个问题转化成改变人生的仪式，只要灌注重要的意义即可。提醒自己，当你问这个强而有力的问题、决定把每一天当成最后一天、倾尽全力改变时，就是事情真正开始改变的时刻。

在记事本里写下：

改变人生的仪式：问自己乔布斯的问题。

理论：这会为大脑提供能量，鼓励我们寻找每一天的意义。

练习：开始留意这个问题在一整天里会怎么改变你的自我观感和心念。当你一早问这个问题时，你的生产力提升了吗？它会催生出关于你的人生要怎么度过的其他问题吗？务必把你的内省心得写在日记里。

一个改变人生的简单问题："如果今天是人生的最后一天，我会想做我今天即将去做的事吗？"

你的日子要怎么过，全由你决定。明天再问一次这个问题，至少连问 21 天，之后也最好天天问。你还在等什么？现在就开始吧。让你的一天充满意义。

你的时间有限。别浪费时间去过别人的人生。

——史蒂夫 · 乔布斯

4 深呼吸

何不现在就做一个深长的、满足的深呼吸，回想那美好的感觉？现在是一天的哪个时刻并不重要，就试着深吸一口气吧！感觉很棒，对不对？如果现在感觉起来那么好，想象一下，在你做完稍早的起床、伸懒腰，以及思考如何让新的一天充满意义的仪式之后，深呼吸会不会让你觉得精神抖擞、浑身是劲？

浅呼吸是万恶的根源，有意识的深呼吸则能修补和保护灵魂。

——德斯蒙德·格林（Desmond Green），美国综合格斗选手研究一再显示，深呼吸可以让我们感觉较快乐、纾解压力、提振健康、活力和免疫力。更开心、更健康的你较有可能发挥生产效率，并吸引成功进入你的生命。我们大多过着忙碌的生活，往往呼吸得非常轻、非常浅，但在早上刻意集中心力于深呼吸，就能促使我们不假思索地呼吸得深一些。

深呼吸的好处非常惊人，市面上已经有好多书用整本的篇幅对深呼吸进行讨论。这些书常提及瑜伽呼吸技巧和复杂的名词，但本质上指的就是慢且深的呼吸。深呼吸能增加氧气供给、将二氧化碳和其他毒素排出体外，借此促进健康、预防疾病；它能改善睡眠品质、降低血压、改善神经系统和促进循环。深呼吸也对体重控制大有帮助，因为额外的氧气会促进脂肪燃烧，也会增加血液流量，使消化更顺畅。

据美国医学生协会（American Medical Student Association）指出，深呼吸能增强活力和体能，以及心血管的（有氧）能量。其他效用包括舒缓疼痛和压力、提高快乐程度，因为深呼吸时会分泌内啡呔（endorphins），这是身体让你感觉良好的化学物质。最后，但绝非最不重要的一点是，深呼吸有助维持良好姿势，因为当你深呼吸时，会倾向站直或坐直身子；而良好的姿势对整体健康，以及向世界展现自信形象的效益，都有翔实的文献记录。

你不需要计划，有时只需要呼吸、信任、放手，看会发生什么事。

——曼迪·黑尔（Mandy Hale），美国作家

5 年前，我不时有严重的头痛。我去看医生，医生转介我去找一位眼科医生。这位眼科医生告诉我，他们找不到哪里出了问题，说我应该减少使用电脑工作的时间，因为那会使我眼睛过度疲劳，或许会诱发头痛。我遵从医生指示，减少了看屏幕的时间，确实有些帮助；但有的日子，我仍需仰赖止痛药，才能熬过那一天。

最后我决定试试另类疗法，去找一位受过东、西方医术训练的综合医学医生。我们讨论了我的头痛、生活方式和整体健康。我原以为会拿到什么处方，但他只告诉我，我压力太大，已经忘记怎么正确地呼吸了。他说，来自我的胸腔而

非腹腔的浅呼吸，或许阻滞了血流，破坏了整体姿势而引发头痛。

在无他计可施之下，我觉得试试也没什么损失，所以每天早晚我切实地做了一些深而慢的呼吸。在这段时间，我开始留意呼吸方式，也开始注意别人怎么呼吸。我发现不只是我呼吸方式不正确，几乎每个我认识的人，都是从胸腔呼吸而非腹腔，而**腹式呼吸对健康幸福的好处大得多。**

我也了解到，呼吸的特征之一，就是它是不经思考就会做的事，我们可以自主控制，就像控制四肢那样。现代人大多过着忙碌的生活，倾向浅浅的呼吸，而当我们浅呼吸时，也会让身体感受到更多压力而分泌压力荷尔蒙。反观，深呼吸则会诱发放松反应，因此专注于呼吸的深浅，就能确切掌控我们的压力强度。

明白这点后犹如天启，于是我借着专注于从肚子而非胸腔呼吸，改变了我的呼吸方式。16 天后，我的头痛完全消失，而且一去不复返。就这么简单，简单得不可思议，我只需要学会呼吸。

呼吸谁不会，真的有用吗？

深吸一口气、站起来、拍拍身上的灰尘，一切重新开始。

——弗兰克·西纳特拉（Frank Sinatra），美国歌手及演员

这里没有任何障碍。我们都需要呼吸——只要每天早上在你起床后，花一点时间呼吸得深一点就可以。如果你觉得站着不动深呼吸有点蠢，可以趁你进行其他活动或晨间惯例时做。除非病情不允许，任何人都没有理由不偶尔做个长且深的呼吸。

继续用正确的方式呼吸，直到它成为你人生的一部分，你会察觉有所不同的。如果你认为花一点点时间深呼吸于事无补，或你因为孩子或家人朋友需要你付出所有心力而抽不出时间，请记得，如果你连自己都照顾不了，要怎么照顾别人。坐飞机时，空勤人员告诉你要先戴好自己的氧气面罩，再帮助孩子和挚爱的人，是有非常充分的理由的。

正确呼吸的仪式

要判断你的呼吸是否正确，现在先停止阅读，专注于你的呼吸。如果你听不到或看不到任何东西在律动，表示你呼吸得太浅了。

要深而适当地呼吸，你必须缓慢地、深深地从腹部而非肺部呼吸。你也需要用鼻子吸气、嘴巴呼气。每一次吸气和呼气大约3秒钟。当你慢慢地经由鼻子、腹部吸气时，让你的肺完全充满空气。当你的肺觉得胀饱后，撑住一两秒，再**慢慢经由嘴巴，吐出肺部所有的空气。**

你是用肚子（腹腔）吸气，所以你在吸气时，应该会看到腹部鼓胀，而非胸部。婴儿就是这样呼吸的，所以只要稍加练习，应该自然就会驾轻就熟。

建议你**每天早上起床后，做5到10次深呼吸，**你也应该在晚上重复这项仪式。如果你早上总是匆匆忙忙，不妨贴张便条在浴室的镜子上，提醒自己："深呼吸。"

当你进行这5到10次的深呼吸时，想象在你呼气时，你的肺排出灰尘或废渣等毒素，在你吸气时，你的肺则因为充满神圣或金色阳光的能量而扩张。请记得，浅呼吸只能让氧气充填你一小部分的肺，而你的身体器官和系统，包括你的大脑，在氧气完全充满你的肺并进入身体里，净化、活化它时，会运作得健全得多。

在记事本里写下：

改变人生的仪式：每天做 10 次深呼吸。

理论：这会振奋大脑和身体、减轻压力，助我聚焦于预计在这一天完成的事。

练习：在深呼吸后，留意你的感觉，特别是它如何帮助你纾解身心紧张。在一天的任何时候，当你察觉紧张或压力悄悄蔓延时，请停下来，深吸一口气，而后呼出。记得，注意你的呼吸和你有多强的动力度过这一天和未来几天，这两者之间是否有关。有任何观察心得，都把它记录下来。

深呼吸，吐气要慢

呼吸是没有商量余地的——是你非做不可的事，所以不妨把它做好。每天早上继续花点时间深呼吸，这终将成为习惯。你会下意识地去做，而且觉得越来越快乐、越来越健康。把这个习惯仪式化，在每一次进行晨间深呼吸惯例时，都要提醒自己，这么做的意义绝不只是呼吸，而是尽一切可能，让你的人生更美好。

没有比这更简单、更自然的事了，深呼吸就对了……

当你拥有自己的呼吸时，就没有人能偷走你的平静。

——佚名

5 对镜子笑，假笑也没关系

对镜子笑，每天早上都这么做，你会开始见到人生大不同。

——小野洋子，日本歌手

俗话说："没有笑容，再美的衣装也是枉然。"本项晨间仪式完全同意这一点。我们常认为，笑是在我们感受到好的情绪时，一种出于自然的反应。但你知道笑容——就算是假笑——能提振你的心情、舒缓压力吗？由心理学及脸部辨识专家保罗·埃克曼（Paul Ekman）进行的研究发现，涉及眼睛附近颜面肌肉活动的大大笑容，能有效促使大脑的活动和心情发生变化，此结果也得到近期发表于《心理科学》

（*Psychological Science*）的一项研究的支持。

这项研究指出了一个简单但美好的结论：笑容能让你感觉更好（皱眉则确定有相反的效果）。如果你不喜欢笑，那也无妨，因为如我稍后将要解释的，牵动眼部和口部肌肉的假笑也有作用，特别是当你对着镜子里的自己假笑时，因为凝视自己的镜像，会产生强大的力量。

我们从不知道，一个简单的微笑，能成就多少美好。

——特蕾莎修女（Mother Teresa）

笑容能提振心情、引发正面情绪，因为笑确实会改变大脑。儿童比大人爱笑（大约每天 300 次比 20 次），这或许正是我们觉得孩子比较快乐的原因。研究也显示，笑可以纾解压力，且和一夜好眠一样，能振奋精神。甚至有一项由美国韦恩州立大学（Wayne State University）进行的以一本纪念册为依据的研究指出，笑容灿烂的人较长寿，也较快乐。

以上关于心情和提升生活品质的好处，受益者不仅仅是你自己。因为如果你较常微笑，你也能提振身边其他人的心情。加州大学洛杉矶分校（UCLA）的科学家马可·亚科博尼（Marco Iacoboni）指出，如果一个人看到别人微笑，他脑中负责交际的神经元将被点燃，就像自己在微笑一样。所以，请常对着镜中的自己展露笑容，也别忘了和你的挚爱分享这些令人愉悦的益处，白天也要在公众场合多笑一笑。

这项仪式也因为涉及镜子的功用而具有强大的力量。励志界的偶像路易丝·海（Louise Hay）率先在畅销书《生命的重建》（*You Can Heal Your Life*）中，提到运用镜子的技巧，鼓励读者迎接生命中最重要的人——自己，并提醒他们，和自己的关系会影响生命中的每个人和每件事（请参考前文关于自尊的讨论）。简单地说，你越喜爱、越接受、越相信自己，别人就越可能将这点反射回你身上。而你可以从哪里开始建立自信呢？看看镜子里的那位男性或女性吧。

对我而言，笑往往像是第二天性，但当我开始以自己的写作为题，发表谈话和发布影片时，由于对别人怎么看待我感到紧张、忧虑（我希望被认真看待），我失去笑容了。如果你去看我的 Facebook，将会看到我最早期几部紧张兮兮的影片，这些影片获得了读者沉默的回应。

然后，随着自信逐渐增长，我自然开始笑口常开，当我笑得越多，点阅率就越高。我在镜子前练习说话，亲眼见证就算谈论严肃的主题，我的脸上也绝对可能出现正面的表情，而笑容永远不嫌多。

当我开始邀请其他作家和专家到我的页面发布影片时，我也发现一样的事。如果影片中的演讲者笑口常开，影片感觉起来就比较温暖，看的人也比较多。我甚至主动建议想要发布影片的人重录，请他们多一点笑容。我听到自己说："多笑点，对着镜子练习。"但很多人告诉我，在不想笑或觉得不恰当的时候展露笑容，感觉很不自然。我请他们假笑无妨，而我告诉他们的理由是，我曾针对微笑做过一些研究，结果彻底扭转了我的想法，因为我发现**假笑其实对我们和他人都有同样的效益。**

当我们感觉不错时，我们会展露笑容，而我们笑的时候，也会令我们的大脑感觉良好。这一点至关重要。当你脸部的肌肉在微笑时，神经信号会传输到你的大脑，启动正面的情绪。就这一点来说，笑容对于大脑提振心情的效果和运动如出一辙。事实上，甚至有研究显示，这种感觉可能与中彩票或吃一块巧克力一样好！

我也得知，当我们在镜子前面练习绽放笑颜时，可以学习笑得更开朗、更灿烂，这样也可以让我们感觉更好。

我不喜欢笑，这样看起来很蠢

每一次你对人展露笑容，都是一种爱的行动，是给那个人的礼物，是美好的事物。

——特蕾莎修女

对着镜子练习笑，一开始可能觉得有点难为情，但如果这就是你的障碍，不妨读读笑口常开的好处，看看学术研究是如何证实练习绽放笑容的效果有多强大。别让难为情——何况根本没有人在看——阻碍你的进步。

如果你自认有点像维多利亚·贝克汉姆，不觉得笑起来比较好看，这也有解决之道。仔细看看贝克汉姆夫人的照片，她或许没有开口笑，但她的脸部肌肉仍在展露笑容，脸上有一丝笑意，而她的眼睛（如果没被墨镜遮住的话）是在笑。当然，灿烂的笑靥效益较佳，但如果这对你而言是太大的一步，不妨从《蒙娜丽莎》中汲取灵感。这幅画之所以激发人类数百年的想象力，是有原因的，因为画中的她流露着宛如谜一般、隐隐约约的笑意。

如果你没办法笑得很自然，你或许会担心，当你向人们绽放新学会的笑容时，他们会察觉真笑和假笑有什么不同。“杜胥内微笑”［（Guillaume Duchenne）以法国科学家纪尧姆·杜胥内为名，他率先区别嘴角的笑和眼窝的笑］是真笑，而我们的大脑可以分辨真笑和假笑；但如果我们勤加练习，别人真的几乎无从辨别你的笑容是真是假。接下来我会进一步教你该怎么笑。

别担心如果常笑人们会觉得你软弱。恰恰相反。你对你的笑容感觉越自在，你身边的人对你的感觉就越舒服。改变你对笑容的看法吧！

最后，如果你担心经常笑人们就不会把你当回事，那你该多看几部名人或领导者的影片。请注意他们多有效率地运用笑容，以及这会如何增强而非削弱他们传递的信息或忠告的力量。先前提到，我们的大脑天生善于模仿，所以如果你担心全场只有你在笑，请放一百个心，继续笑你的，迟早大家会跟着你一起笑。如果他们不笑，那你就该好好想想为什么要和一群如此抗拒欢乐的人为伍了。

笑的仪式

每天早晨，当你梳妆打扮、为这一天做准备时，花点时间对着镜子练习微笑。看着你的眼睛，站立不动，用最灿烂的笑容迎接自己。

勤加**练习，让你的嘴角和眼窝都笑起来**。请记得大脑会理解脸部肌肉运动，就算你的感觉不怎么好，笑容也会引发正面情绪。接下来在这一天之中，尽量展现你的新笑容。就连工作或讲电话时也要如此。和你讲电话的人就算看不到你，也可以感觉到你在微笑。

如果你在四下无人时笑了，那么你是真心的。

——安迪·鲁尼（Andy Rooney），美国资深媒体工作者

当你一边在镜子前面练习笑，一面想象这对你的深刻意义时，这个简单的动作就仪式化了。所以，在你绽放早晨微笑之前，回想生命中一个真正快乐、沐浴在爱里或让你感觉非常满足而充实的时刻。赋予意义不仅能将你正在做的事化为仪式，也很可能让你的笑容变得更真挚、诚恳。

在记事本里写下：

改变人生的仪式：每天早上对着镜子，练习展露笑容。

理论：这会提振你的心情。当你看起来和感觉起来越快乐时，就越可能吸引成功，以及博得他人的好感。

练习：留意你笑口常开的日子有什么不同。当你笑的时候，别人有什么样的反应？一个笑容可以带给你什么样的回馈？我们会反映我们看到的东西。所以，如果别人看到你笑，见到你表现出积极正面的样子，他们也可能会和

你一起微笑，并回馈你正面的态度。看看这21天里别人对你的态度是否改变了，以及更重要的，你对自己的感觉有没有更好。

如果你想看起来容光焕发，并帮助自己和别人活得更长寿、更健康、更快乐，你知道答案就是“笑”。在一天的开始，就对着镜子练习展露大大的笑容，并带着它跟你到处跑。笑是一种简单但太常被忽略的超能力，能显著提升你和其他人的生命质量。从现在开始，让你的镜子和你的笑容成为你最好的朋友吧。

6 想象完成那件事的画面

心想事成。

——迈克·杜利（Mike Dooley），美国作家

有件非常简单且令人十分兴奋的事，是我们不会一早就去做但应该要做的，因为它会大大提高我们一天成功、快乐的概率，那就是：花几分钟，想象未来为我们保留的美好事物。如果我们在生命中采取必要的步骤，促使想象中的事实显现，想象是可能成真的。

想象的威力惊人。想象自己拥有生产力超高的一天并且达成了目标，**这是运动员和比赛中的选手都会运用的技巧，**

而且成效卓著。他们想象看到自己抵达终点线或赢得比赛的情景。这个技巧对许多运动员都很有效，相信对你也会很有效果。你可以通过想象，在脑海里为你最好的一天做足准备。

在我挥出每一杆之前，甚至练习时也一样，脑海中都曾浮现过清晰无比的画面。

——杰克·尼克劳斯（Jack Nicklaus），美国职业高尔夫选手

有些研究显示，心理的准备和身体的练习几乎一样有效，而两者兼顾的效果则是最好的。许多运动员和生意人、投资人、艺术家、棋手、计算机程序员、音乐家和表演者，都会运用鲜明的意象，让他们的感官按照他们希望达到的成就或赢取的目标在心里进行彩排。众所皆知，已故的伟大拳王阿里，会凭借想象来确定自己仍是“史上最伟大的”。

所以，如果运动员、表演者和投资人成功运用了想象的技巧，其他人没道理无法用它来提高在人生各领域成功的概率。研究一再显示“身心联结”是强而有力的，而心意可能

影响行为，所以请了解这个事实：我们都该关注我们的意念，并运用它尽可能地提高我们成功的概率。

在脑海想象你想要的东西。见到它、感觉它、信仰它。开创你的心灵蓝图，着手进行吧。

——罗伯特·科利尔（Robert Collier），美国成功学大师、作家

马修·内格尔（Matthew Nagle）四肢瘫痪。他数年前被严重刺伤，现在颈部以下完全不能动。他靠着吹气到一根管子里，为轮椅的马达提供动力，手和臂膀则绑在扶手上。尽管如此，内格尔却可以单凭心念玩电脑游戏、打开电子邮件、操作电视和控制机器手臂，他已经通过心智训练改变了自己的人生；而在他的例子中，这种训练只花了 4 天。他的大脑植入了可以翻译想法的硅晶片。

马修·内格尔的故事是个特例，让我们回到较日常的事例吧。我可以提供数不清的例子，证明想象力如何改变我的人生，但我愿意让出位子，让聚光灯打在我的一位名叫艾玛

的读者身上，她告诉了我关于她自己的故事。

特里萨，我和我女儿的关系长年以来复杂又难解。我们就是处不来，而且对彼此怀有许多敌意。我丈夫过世后，我们的距离变得更远，她甚至没邀请我参加她的婚礼。这深深刺伤了我的心。因为她结婚那天，正是我的丈夫、我女儿的亲生父亲去世两周年。我相信她是故意选择那一天的，因为她希望他的灵魂能到场，但对我来说却加倍残酷，因为我得孤零零地坐着，丈夫在天堂，女儿在礼堂，她的母亲却不在场。

特里萨，我试遍了一切方法，写信给她、努力解释，求她跟我和好。我向她道歉，就算我觉得我没做错什么，没有什么好道歉的……然后我读到一篇网络文章，其中提到想象可以怎么使人重修旧好。那时我正值人生的谷底，什么都愿意试，所以我决定一试。

连续五个星期，我每天早晚都想象女儿和我对话，并以拥抱结束交谈。我想象每一个细节。一开始感觉真的很尴尬，当我试着在想象中拥抱她时，就好像试着抱一块石头，所以我心里觉得很难拥抱她。但我坚持了下去，因为第一次想象完这个画面之后，我觉得稍微好一点了。我非常期待再试一次，看看会不会更容易些。你知道吗？特里萨，真的更容易了，大约过了两星期，这开始变得越来越容易。整整四个星期，我都在心里和女儿进行最温暖而美好的对话，这让**我感觉好多了。我认为这就是我能期待的最好结果。我放弃试着和她联络，听天由命。**

然后奇迹发生了。一天早上，我急急忙忙赶去上班，手机响了，是我女儿打来的。我接起来，听到她在哭。我告诉她我爱她，她告诉我她也爱我。她打来是要说她怀孕了，我要当外祖母了。

之后的几个星期，女儿和我共度了许多时光，我们重新认识彼此，并试着了解我们之间为何会有那么大的裂痕。她给我看了她婚礼的影片，让我的灵魂可以和我丈夫的灵魂一样到场。我之所以写信给你，是因为一个星期前她生了第一个孩子，一个名叫崔西的漂亮女孩。然后——奇迹真的发生了——他们将她的中间名取作艾玛，那是我的名字。

另一份发表于20世纪60年代的《美国健康协会研究季刊》（*Research Quarterly of the American Association for Health*）的

常被引用的研究，检视了心理练习和身体练习在发展一种运动技能——太平洋岸单手罚球中的效果。在研究中，144 名高中男生以臂力、智商和经验为基准，分为身体练习组和心理练习组。在实验的条件下，研究者发现心理练习几乎和身体练习一样有效。1994 年，一份对 35 项研究的整合分析发现，尽管效果逊于身体练习，但心理练习也能提高成绩。

很抱歉，我真的想象不出来

我会想象事情发生在我身上，这会让我感觉比较好。如果努力去想，想象是有用的。重点就在这里。你不能随便想象一下，就去吃三明治了。

——金·凯瑞（Jim Carrey），加拿大裔美籍演员

想象听起来是全世界最容易的技巧，就是做做白日梦，或在心里营造一些画面嘛。但当你真的去试，就知道不见得那么简单。我们有些人拥有非常视觉化的心智，但其他人，包括我在内，有

时会觉得很困难，甚至不可能。我认为自己属于听觉和肌肉运动知觉，而非视觉那一类，你或许也是如此。**你可能会发现很难在你的“心灵之眼”看到细节或画面。**

如果你觉得你无法凭自己想象或在脑海见到画面，问题不在你，而是英语本身的限制（译注：英语常用“visualize”来代表想象，但这个字只有指通过视觉想象的意思）。除了视觉或画面，你还有其他许多感官可以用来想象。**在“心灵之眼”看见，不仅是指“看”到画面，也包括用心智的接触、耳朵、气味、声音、味道和感觉来想像。**换句话说，你可以用其他内在的感官想象事物。

视觉几乎只使用到左脑，它会让事物离你远远的，声音、气味和味道则会让事物感觉更真实。所以如果内在视觉不是你最强烈的感官，就改用其他感官来想象吧。

你还会遇到的一个障碍是没有立刻获得成功。你喜欢心旷神怡的想象，最后却没见到成果。如果你的情况是如此，那就需要为你的想象搭配真正的目的和渴望。你需要保持乐观和兴奋，煽动心中的火焰，更重要的是坚持下去。你无法预期一夕之间获得成功或创造改变。当然，一蹴而就也有可能发生，但一般而言都需要时间；一定要加进想象里的最重要的成分是在日常生活中采取主动——不能光凭想象而被动地等待事情发生。想象可以点燃内心和精神的火柴，但要引发火势，这就需要你自己在真实世界付出。

别忘了，这本书是在探讨正面思考运动所欠缺的拼图。如果你不采取行动，正面思考或想象将毫无成效。

“想象”的仪式

早上起床后，花一点时间想象这一天会发生什么好事的场景。就像看待你用手机拍的照片一样看待它，用你的心灵之眼去看它，仿佛它此时此刻正在发生，仿佛你就活在照片中。看着事情进展顺利，人们完全被你吸引；看着机会朝你而来；看着自己努力而有效率的工作，掌握这一天带给你的一切；看着自己抗拒拖延的冲动。在这里，我要强调的是过程而非结果，因为想象自己采取成功的必要行动，比想象实际成果来得重要。

当你**在脑海描绘这幅画面**时，试着运用你所有的感官。你看到什么？听到什么？闻到什么？尝到什么？**捕捉每一个细节**，甚至连你自己穿的衣服也不放过。如果有任何迟疑或**负面的事进入你的画面，就把它删除**。这是你的憧憬，由你控制什么事物应该在其中，什么不该在其中，只放你想看到的东西进去。最重要的是，在想象时，要将渴望和正面的期待维持在最高档。你需要用真正的渴望和爱好来想象你要的画面。

你也许会想在完成第 3 项仪式——拿乔布斯的问题问自己之后，立刻做这件事，也可以在更衣和吃早餐时做。重点是要去做，这耗费不了你多少时间。第一次尝试时，你或许需要一点时间来习惯，但当你持续至第 21 天时，这项仪式有望变得完全自然，你也会爱上在进行平常的早晨作息时，欣赏你脑海里的晨间电影。

在想象的例子中，只要提醒自己心念和意象是神奇的事情就可以了。它们有超强的力量。套用电影《蜘蛛侠》里的一句话："能力越强，责任越大。"要知道，你脑海中的画面，与你用意念和感觉关注的事，往往有可能成真。既然明白这一点，以后许愿时可要特别小心——因为很可能会实现。

在记事本里写下：

改变人生的仪式：每天早上花几分钟，想象成功的一天。

理论：这将在我的脑海中创造日常生活可能反映的画面。大脑里的神经元会把想象诠释成真正的行动。

练习：一旦习惯这种做法，便要以提升想象力为目标，让它们更大、更鲜明、更响亮，因为这会让想象感觉起来更真实。在每一天的尾声，把你的心得写下来，无论是你的感觉更正面了，还是有更多机会朝你而来，让你梦想成真了。

想象终点线的样子

还记得电影《黑客帝国》（*The Matrix*）里的这一幕吗？

主角尼奥睁开眼睛说："现在我会功夫了。"

我们都想这么快速地学会事情，而这个仪式已向你证明，虽然不可能发生得像电影中那么快，但你可以运用心智的力量和验证过的想象技巧获得成功。通过仪式化、切实的练习和在日常生活中采取行动，彻底强化这股力量，你的梦想必能成真。

要成就伟大的事，我们必须先有梦想，然后在脑海中想象，接着计划、相信和行动。

——阿尔弗雷德·孟塔培（Alfred A. Montapert），美国作家

7 放音乐

你知道你的灵魂是由和声组成的吗？

——达·芬奇（Leonardo da Vinci），意大利画家

适当的愉快旋律可以让你感觉飘飘欲仙。我们会情不自禁地用脚打拍子、扬起微笑、感觉舒畅。这个仪式乐趣无穷，它要你用那特殊的旋律**作为一天的配乐**。有许多研究显示，听快乐的节奏有助于集中注意力，也能显著提振情绪。

假如我不是物理学家，我可能会当音乐家。我常用音乐思考，做着音乐的白日梦，我用音乐来看待我的人生。

——爱因斯坦（Albert Einstein），物理学家

过去，有些人认为戴着耳机听音乐不利于清晰的思考，但研究证明，这种过时的观念完全错了。研究显示，只要音乐不会大声到损害听力，听音乐、研究音乐和创作音乐对脑功能有极大的好处。

现在我们知道，在听音乐或创作音乐时产生的思考模式，**可提升学习和社交技能**。人脑的运作方式似乎和音乐模式相近。

有些研究显示，音乐家右脑和左脑的互动较佳；另一些研究则显示，听音乐可以传递活化大脑其他部位的信号。莫扎特效应（Mozart effect）最常用来形容音乐的健脑力量，一项研究证实，听古典乐——特别是莫扎特的钢琴奏鸣曲——能提高智商。该项研究也用老鼠做了实验，听到同样音乐的老鼠，走迷宫的技术也更厉害了。其他研究则显示，音乐不仅具有纾解压力和治疗的功能，也能提振心情。换句话说，适当的音乐能够让你更愉快。

音乐能增强脑力、改善心情的原理尚不得而知，但有件事很清楚——**音乐在增强认知功能、提振精神、纾解压力和提高社交技巧上，扮演有益的角色**。音乐是全人类的心灵语言，不仅对脑功能有帮助，也对生活许多领域有正面影响。让音乐成为我们晨间仪式的一部分，一定可以让一整天有最好的开始。

今天，一如其他的日子，我们空虚、害怕地醒来。别开书房的门进去读书。取下一支乐器吧。

——鲁米（Rumi），伊斯兰教苏菲派诗人

十几岁时，我向往成为芭蕾舞者，也训练到相当高的水准，但现在回想起来，我明白那主要是因为柴可夫斯基的《胡桃夹子》和《天鹅湖》天堂般的音乐令我深深陶醉。如果音乐并未打动我的心，我便失去跳舞的渴望。十多年后，当我成为健康和体能教练时，情况也是如此。我之所以喜欢鼓励人们健身，其实是音乐使然。我花了好几个小时，为我的课程剪接音乐带，结合现代音乐和古典乐，期盼能发挥最大的激励效果。不到一年，我的课程人数爆满到健身俱乐部应付不了。

当年在伦敦中央区的霍姆斯健身俱乐部，上过我的课的

人，应该都记得那些音乐和它们创造的不可思议的能量。气氛真的好活泼、好兴奋。当然，我的训练方式非常严格（我用自己专业芭蕾舞训练的严苛练习来确保课程具有挑战性），更希望学员从有氧健身中获益匪浅。但对我来说，一切仍是音乐。我能让人们吃苦耐劳，是因为我刻意选了能带给他们刺激与生命热忱的音乐。

然后，因为著作权的缘故，健身俱乐部的课程不能再像过去那样使用音乐了，每个教练都告诉我要用标准、经许可的音乐，否则会面临罚款。于是，我立刻停止健身教学。我教健身课的那几年，人们给我最大的赞美之一是他们离开时总是感觉愉快的。我知道这是因为运动和他们获得的健身效益，但更重要的原因是聆听了美妙的音乐。

听音乐是年轻人才会做的事？

音乐表达了无法付诸言语也无法保持缄默的事物。

——维克多·雨果（Victor Hugo），法国浪漫主义作家随着年龄越来越大，我们往往越来越不常听音乐。我知道我青少年期的儿女，耳机几乎整天没拿下来过，但那对我而言就没那么自然。随着年岁增长，音乐在我们的生命中已不再占有那么重的分量。关于长大的另一个遗憾是人生赋予我们这么多责任，我们已忘了乐趣的重要，而我将在这项仪式中请你重拾年轻的心，享受乐趣。只要抛开那些关于你的年纪适不适合做什么事的传统思想，每天早上选择最爱的节奏——我敢说那一定是一首欢快的歌曲——戴上耳机听一会儿即可。如果 21 天后，你觉得与之前毫无差别，那么你可以回到没有音乐的日子。

如果你的阻碍是没有耳机或音乐，这很容易解决。耳机不贵，到处都买得到，而且你可以从网上下载你喜欢的歌曲到手机里。想不到要放什么歌吗？没问题，这里列出十首马上就能让你浮现微笑的歌曲。

- 阿巴合唱团（ABBA）的《舞后》（*Dancing Queen*）。
- 威猛乐队（Wham）的《你走之前叫醒我》（*Wake Me Up Before You Go Go*）。

- 卡翠娜与波浪乐团（Katrina and the Waves）的《走在阳光里》（*Walking on Sunshine*）。
- U2 的《美好的一天》（*Beautiful Day*）。
- 动画电影《森林王子》（*The Jungle Book*）中的配乐 *The Bare Necessities*。
- 旅行者合唱团（Journey）的《坚守信念》（*Don't Stop Believing*）。
- 午夜狂奔者乐团（Dexys Midnight Runners）的 *Come on Eileen*。
- 皇后合唱团（Queen）的《现在别阻止我》（*Don't Stop Me Now*）。
- 流浪者合唱团（OutKast）的《嘿呀！》（*Hey Ya*）。
- 海滩男孩（Beach Boys）的 *Good Vibrations*。

当然，这些曲目并非不能改变，好歌绝非只有这么几首。最棒的是，你可以选择自己觉得悦耳的音乐，只要确定它们能令你愉快、让你手舞足蹈即可。如果你偏爱古典乐，当然可以选古典乐听，只要曲子相对轻松愉快就行。事实上，赫尔辛基大学的一项研究显示，古典乐的拍子对于负责产生愉悦感的基因有调节作用，但研究同样也指出，任何类型的音乐，很有可能都有这种正面的效应。

最后，也许你觉得抽不出时间或机会听你爱的歌，但其实机会多的是。你只需要听几分钟，就能得到完整的效果。在准备早餐、更衣、运动或刷牙时戴着耳机吧。

如何运用你的晨间乐曲

这项仪式再简单、好玩不过了。在你进行晨间仪式的某个时刻，务必戴上耳机，听你最喜欢、能振奋精神的歌曲，至少听两分钟。音乐不要放太大或太小声，听起来舒服就好。如果你喜欢边听边唱，尽管唱无妨，因为根据研究，唱歌对身体、心灵也有疗愈的效果。

做就对了，来点音乐吧！

音乐的最高目标，是联结人的灵魂和他们的神性。

——毕达哥拉斯（Pythagoras），古希腊哲学家、数学家和音乐理论家在你听歌时，除了音乐，什么都不要想，感受那股能量及喜悦。如果你想跳舞就跳吧。让这段音乐时刻，成为神圣的快乐时光；让这段快乐时光，激励你一整天。

在记事本里写下：

改变人生的仪式：每天早上，听你最喜欢的欢乐歌曲。

理论：这能提供大脑能量、提振心情，并鼓励你让愉快的感觉自内心满溢出来，进入这一天。

练习：考虑将音乐融入一天的其他部分。例如，你或许会想在洗碗时，听当地的音乐电台、认识一些新的艺人；或在上下班通勤时，听你最爱的老CD。一有机会，就打开音乐——如果你担心别人的眼光，可以等四下无人时做——跟着音乐手舞足蹈、通体舒畅。观察一下，音乐会如何影响你的心情吧。

用轻快的旋律完成晨间仪式，是为一整天做好准备的理想方式。欢乐的歌曲能提振心情、唤醒头脑，用各种方式振奋你的精神。在一天的开始感觉越开心，你一整天就可能越愉快。最棒的是，快乐是会感染的。你想在这个世界看到的改变，真的开始从你身上发生了。

任何种类的情感，都可能被旋律和节奏所唤起。因此，音乐有构成性格的力量。

——亚里士多德，古希腊哲学家

晨间仪式检查站：

在你展开一天的生活之前，请一一检查下列七种仪式，确定你已完成。为查询方便，你或许会想用手机拍下这张表，或快速记录在纸上，贴在镜子或冰箱门上。

1. 继续在床上做梦，或**早起**追逐你的梦。

2. 先**伸懒腰**再抓手机，帮助清醒。

3. **问一个问题**刺激大脑："如果今天是人生的最后一天……"

4. **深呼吸。**

5. 对镜子**笑**，假笑也没关系。

6. **想象**完成那件事的画面。

7. **放音乐。**

第二部

成功人士都在做的标准动作，天天如此

你不能光坐在那里，等人帮你实现金色的梦想，你得起身上前，自己让它成真。

——戴安娜·罗斯（Diana Ross），美国歌手及演员

下面七项仪式可以在你的工作天或日常作息的任何时间，以对你最有效果的次序进行。把它们嵌进你的一天是很轻松、自然的事，不需要耗费什么时间和心力。这些仪式的目标在于，让你**更聚精会神于正在做的事，而非考虑做的事。**

我们全都过着日渐忙碌的生活，要在日常作息中融入这些迷你仪式其实不难，因为这些仪式都不是“进行”，而是一种暂停，停下脚步、超越你平常做的事，其中惊人的效益将让你一整天活力充沛，并提醒你，你一直都好好地照顾自己，这对我们的自尊至关重要。

8 整理东西等于告诉大脑，我不让生活杂乱无章

要刻画你想要的人生，第一步就是摆脱你不想要的一切。

——乔舒亚·贝克尔（Joshua Becker），美国作家

如果你被混乱包围，你往往会陷入困境，始终无法实现计划和梦想——因为你看不清楚。杂乱甚至会阻碍你了解这一生究竟想要什么，因为物品乱七八糟，就是人生其他领域困惑混淆的象征。

所以，这个仪式要求你在一天之内清理一样东西，一样就好。不必是费时的居家或办公室新春大扫除，只要确定每一天都拨出一点时间，找一样东西进行整理、组织或丢弃，

可以简单到如清理鞋盒或外套口袋。重点不在于花了多少时间清理，**清理这个动作**本身就拥有力量，能让成功走进你的人生，而且在你将它仪式化后，力量更会倍增。但首先，让我们更详尽地探讨清理的益处。

> 清理你的东西，清理你的心。
>
> ——埃里克·里德尔（Eric M. Riddle），美国作家

研究确实显示，**当我们被混乱、失序包围时，就会分泌皮质醇（cortisol）这种压力荷尔蒙，**因此整理的第一个受益者，就是你的健康。已有林林总总的文献记载，压力对我们的幸福安康是坏消息。

第二个受益的是你的专注力和创造力。根据普林斯顿大学神经科学家的研究，周遭环境太过杂乱，可能会对你的专注力产生负面影响。他们研究了人们在井然有序和凌乱不堪的环境中，执行各类事务的绩效。研究确实显示，杂乱会分散注意力，而结果就是绩效和专注力降低。杂乱基本上会让

你的大脑同时处理好几件事，而非专注于手边的事情。因此，收拾凌乱的环境能**提升你的创造力和专注力。**

《今日心理学》（*Psychology Today*）中克里斯托弗·彼得森（Christopher Peterson）博士的一篇文章指出，凌乱可能会危害我们的心理，而他也援引了《应用发展心理学期刊》（*Journal of Applied Developmental Psychology*）的一项研究来佐证。该项研究检视了混乱、吵闹、无秩序、堆满杂物的环境对孩子的影响，结果显示杂乱和缺乏专注力与创造力有明显关系。

清理物品还有一个不为人知的益处是它或许能帮助你**放松和改善睡眠。**一项睡眠研究显示，在不整洁的房间睡觉的人，比较可能出现睡眠障碍。另外，杂乱也可能让你觉得烦躁，因为它会传给大脑这一信息："你的人生杂乱无章。"加州大学洛杉矶分校日常生活与家庭中心的研究人员证实了这种关联。他们研究了32个家庭，发现"东西"最多又凌乱的家庭，承受的压力也最大。

何况有些**物品会让我们产生情感包袱**。有时我们把过去的某些东西留在身边，这些旧物其实会让我们**产生负面联想**，使我们心情沮丧。清理旧物可给予我们从情感上整顿人生的机会，创造一个崭新明亮的开始。我们囤积了远多于需要的物品，而这些物品非但不会扩充我们的生命，还会拖慢我们的脚步。因此我在这里建议，摆脱这些让你沮丧或有罪恶感的东西，如从来没用过的健身脚踏车，或一直想用但从没用过的果汁机。

抛弃杂物就像放开过往，这并不容易；但如果你一次清理一样东西，不论这样东西多小，你都会发现利远大于弊。

清除人生的杂物，就是腾出空间让灵感和“良好有序的方向”进来。

——朱莉娅·卡梅伦（Julia Cameron），美国作家

每当我觉得手足无措或不确定该如何往前走时，我发现清理工作或生活空间能使思路清晰，并大幅提升方向感、专注力和活力。

关于清理杂物的好处，我有很多朋友的事例可供选择，但我要聊的是多年前与我共事的一位新闻记者的故事。她聪慧过人，我真的很喜欢和她合作，无时无刻不受她的创造力鼓舞。问题是她从未实现过她出色的计划，永远卡在构想的阶段。一开始挺有趣的，但过了一阵子就令人倍受挫折，因为我是想看到成果的人，所以最后我连她的那份工作和我自己的工作都一起做。我们完成了工作，几个月后我们又被要求搭档。这一次我有些异议，所以我们约在她的公寓碰面，详谈再次携手合作的事。

我一踏入前门，就看出来她住的地方有多凌乱。我简直不敢相信，一沓又一沓的书报杂志——有些是打开的——搁在地上。瓶罐、包包、手套，所有东西都在地板上，厨房里的水槽堆满碗盘，多得吓死人。杂乱的程度简直超凡，足以和我现在走进我 17 岁儿子的卧室所看到的景象相“媲美”。我问她怎么能这样生活，她没有回答。我告诉她再次与她合作的两难，这一次我不会再做该由她执行的事。她同意，然后问我能否教她怎么将事情整理得井然有序，因为她真的不知道该怎么办。我的直觉立刻告诉我，要从她的住处着手。

我当下就开始帮她整理，往后三天，我下班后都到她的公寓去。我们丢掉的垃圾可以填满一辆垃圾车了。

最后她的公寓变得漂亮又宽敞，这仿佛卸下了她肩上的重担。她看起来年轻了好几岁，也更快乐了。清理掉了家里的杂物，我们对她的办公桌如法炮制，她也向我保证会控制进入自己生命的垃圾量。清除旧物之所以奏效，是因为她有了新的关注焦点，不再分心。至于我们的合作专案，这次她真的比我早交件，老实说，还做得比我出色。

虽然现在我已经没有再和她联络，但我知道，她不会介意我用她的例子做证据来阐明清理杂物的好处。当时她就告诉每一个人，我的建议是如何帮助她找回专注的。我由衷地希望她能继续保持专注，因为她是非常杰出的新闻从业人员。

可是这些东西以后也许能用到？你永远有东西可清理

我越检视杂乱这个议题，就付出越多心力对抗它，因为那真的犹如千斤重担。

——葛瑞琴·鲁宾（Gretchen Rubin），《过得还不错的一年》作者

清理杂物最常见的障碍是没时间，但请务必了解，清理杂物绝非浪费时间，而且从长期来看，可能还会带给你更多时间。

例如，如果你每天早上都要浪费宝贵的时间找眼镜、手机、钥匙却遍寻不着，因为有太多杂物遮住它们，时间就会这样被浪费了。但如果你收拾干净，很容易就能找到你的必需品，每天也就省下不少时间。如果你的工作或人生需要快速找到资讯，乱七八糟的环境会妨碍你，所以长期而言，收拾东西可以让你更有生产效率。

人们不清理杂物的另一个原因，是他们依恋这样东西，希望把回忆留在身边，但这仍不是混乱的理由。你可以保留有意义的东西，但何必留下让你心情低落的物品呢？何况东西就只是“东西”而已。重要的是在你心中及脑海里的回忆。多年前，我一个朋友因家里和办公室遭破门窃盗，失去了许

多个人物品。一开始她心烦意乱，因为有许多财物和对她意义重大的物品遭窃，但后来她恍然大悟，比物品更重要的，是事发当时她的孩子不在家，也没有人受伤。她明白盗贼只是偷走“东西”，而“东西”不是我们幸福快乐所必需的。

每个人对杂乱的容忍度不同，有些人真的在周遭有点脏乱时比较有效率。高度创意者的书桌常看起来杂乱无章，就反映了这个事实，乔布斯工作空间的照片也证明这个论点。少不见得比较好，重要的是你对杂乱的感知。如果你在家里或办公场所觉得舒适惬意，注意力也不会分散，那么杂乱对你就不会有负面冲击。但如果你一直觉得精神涣散、找不到东西或不知道东西放在哪里，那就该是整理的时候了。**这里的关键字是“轻松”，你需要在一个让你轻松自在的环境生活和工作。**

如果你是天生爱干净、不知道该为这项仪式清理什么的人，别担心，永远有些事是你可以秉持神圣感完成的。例如，收拾桌面，改进你的日程表或日志的写法，整理旧短信或电子邮件，存入分类文件夹，等等。

最后，不清除杂物的最大借口，就是宣称“没办法面对”、工程浩大到让你头皮发麻。如果你的情况是如此，重点在于从小处着手。每天整理一样东西，别贪心，别放眼太多事物。就从一个柜子、一张桌子、衣橱的一格或电脑的桌面着手。持续做下去，不久你就会发现，和谐与秩序已成为你人生更强劲有力的主题。

清理杂物的仪式

一天至少进行一项清理杂物的行动，行动大小不拘、时间随意。可大到彻底整顿衣橱，也可小到整理皮夹或皮包里的信用卡收据，或收拾书桌上的笔。重点不在于选择清理什么物品，而是你清楚明白地做了决定：一天至少清理一样东西。

· 设定接收资讯的限度

请记得，杂乱不限于实物，也可能是电子版的东西。任何在你的电脑、手机或平板电脑上未归档或组织的东西，都会创造数位的杂乱，让太多待办事项使你的大脑超载。一旦大脑超载，它就无法集中注意力或一心多用、记得事情。每一天都有新的资讯涌入，因此请设定限度、决定你要让多少东西进入。世界上永远有数量超出大脑能处理的范围的资讯，所以请设定限度，让你的大脑不会陷入紊乱。

过滤你要读的东西、别回没必要回的电子邮件、先读完一本书再开始下一本。如果来电并非紧急或对你不重要，就让它进入语音信箱。如果你用电脑工作，塞满文件夹的桌面可能会让你焦虑，所以每天都要移除不需要的文件夹，或新增一两个文件夹，把相关文件整理在一起，让你打开电脑时看到干净的屏幕。

· 不用多，一天收拾一个就好

一天试着丢弃一个用不到、穿不到或不再需要的物品，或捐赠给慈善机构。可以简单如书桌上已无法换墨水管的钢笔，衣橱里一件一直吊着却从没穿过的衣服。重点是一天至少整理一样生活、工作或网络上的东西。

当我们扔掉物质上的杂乱时，我们净化了心灵。当我们扔掉精神上的杂乱时，我们净化了灵魂。

——盖尔·布兰克（Gail Blanke），《丢掉50样东西，找回100分人生》作者

风水是一种古老的中国文化，旨在营造平静和谐、能提升“气”这种生命流动的环境。它的最终目标是将好运带入人生的所有面向，杂乱当然是最不利于该目标的东西。

当你的居住环境或工作环境杂乱时，就代表你的心理、情绪、身体和精神都很混乱。请刻意提醒自己，当你收拾东西时，你是在清除人生所有层面的负面能量；如此一来，就更容易将清理杂物转变为神圣的仪式了。

在记事本里写下：

改变人生的仪式：整理或清除一样东西。

理论：能提高你的专注力和创造力，并减轻压力。

练习：一定要停下来，体会在一个没有杂物、干净整洁的环境中生活的益处；留意它如何改变你对自己的感

觉。如果你有很多杂物要处理，请记得，每天多创造一点秩序，就是朝更充裕的时间、活力和创造力迈进一步。如果你本来就是井然有序的人，请在收拾东西时集中精神。观察你的创造力及信心水平与清理杂物的行动之间有何关联，并记录下来。

做就对了：清理掉一样东西，然后静待奇迹！

干净无杂物的居家和办公环境，将大幅提升你在所有层面的生产效率。

如果你可以连续21天每天至少清理一件杂物，你会感觉更轻松、更愉快、更兴奋也更专注。所以，开个头，去“丢”掉一样又一样东西，注意你的人生会发生什么事。奇迹上门喽！

当你的生活被杂物包围，就不可能清楚自己在做什么。

——卡伦·金斯顿（Karen Kingston），英国作家

9 来杯什么，别想着待办事项

这个仪式鼓励你借着冲泡或喝一杯茶、咖啡以及其他你爱喝的饮料，寻得片刻的平静。这个仪式的灵感汲取自亚洲盛行数世纪的崇高饮茶仪式。

你或许会怀疑，像享受一杯茶或任一种喜欢的饮料这么简单的事，怎么可能改变人生。这与饮料本身无关，而关乎仪式鼓励你营造的心理状态。**休息、喝杯东西是赋予你平静，以及更重要的——爱自己的绝佳时刻**。如果连你都忽略自己的需求，成功和幸福又何必理会你。

有茶的地方，就有希望。

——阿瑟·皮内罗爵士（Sir Arthur Pinero），英国剧作家暂停一下、喘口气时选择的饮料，可能是一杯令人神清气爽的茶，或提振活力的咖啡；而研究已经证实，这两种饮料一天喝个一两杯，都有益健康。例如，据说饮用咖啡和茶罹患数种疾病的风险较低，也能减缓认知退化。

但就本书的目的而言，最重要的效益是喝茶或咖啡的片刻，能给你迫切需要的时间自省。常识和科学研究都表明，在满足自己的身心需求之前，你不可能有足够的资源提供给别人。当你开始为了别人而忽略自己，你就无法有效率地帮助他们。

想拥有幸福成功的人生，你必须懂得给予，但当务之急是得爱自己。成功的人明白，关爱自己对他们的幸福有多重要，因而将对自己的关爱融入生活中。研究甚至显示，爱自己和尊重自己的人，与不爱自己的人之间有显著的差异。例如，高度自尊的人着眼于成长和进步，低度自尊的人则容易抑郁和害怕犯错，因此相对不可能成功。

建立自尊的方法很多，但每天抽出一点时间啜饮你爱的饮料、享受平静的片刻，就是提醒你照顾自己有多重要的绝佳方式。

我这一生，好几次忘记爱自己对幸福与成功有多重要，但有一次令我永生难忘，当年我二十来岁，第一次尝到心碎的滋味。

那时我全部的生活都围绕着我的男友打转。我将自己整个投入在他身上，让他开心是我唯一关心的事。他是我的生命，而且我以为一辈子都会如此。

那两年，我的人生随着男友的各种心情和奇想起起伏伏——就算那对我而言是情绪和身体上的虐待。每当发生那种事，我应该要离开，但我偏偏又想帮助他。你或许能明白这种矛盾。我想向他证明，他的好与坏我都爱。我以为我的爱可以改变他。我照应他的每一个需求，不断试着证明对他的爱。我想成为他的一切——让他不能没有我。

这不是我全心全意讨好、让对方的需求凌驾于自身需求之上的第一段关系。往往，我的身份悉由他人对我的看法决定。如果我的朋友觉得无聊，是因为我让他们无聊；如果我的朋友没有时间与我相处，那是因为我不重要。如果我的男友感激我，我对自己的感觉就很好。如果我无法满足别人的需求、顾及别人的心情，我会怕他们不喜欢我——而不受人喜欢会让我生不如死。我让自己的人生越来越难熬，因为我越努力试着赢得别人的尊重、友谊或爱，就越失去和自己的联系，越不照顾自己的需求，自我怀疑的感觉也越来越深。

当我的前男友为了另一个女人离开我时，我的人生坠入谷底，但这也是我一生重大的转折点，对此我一辈子感谢。灵光一闪、恍然大悟的时刻，出现在我和一位英明睿智的女性谈话的一天后。她问我，为什么要为一个不会为我哭的人哭泣。她的话一针见血，哭泣无法改变任何事实，我无法改变前男友对我的感觉，但我可以改变对自己的感觉。我应该得到更好的待遇。仰赖一段关系来营造对自己的好感，无疑是将所有权力拱手让给他人。我为什么要干这种傻事？

我记得与那位女士谈完之后，我回到家中，给自己冲了一杯浓茶。我把那杯茶拿在手中，坐下来，品味那一刻和茶叶甘醇的滋味——我从来不曾这样。我坐在那里很久，彻底思考我的人生。我领悟到这么多年来，我一直要自己相信，好人等于无私无我的人；**但我必须明白，当好人不等于要永远将别人的需求放在自己的需求之前。**

当然，我们都该在别人需要时伸出援手，在能力范围内协助他们减轻负担，但荣耀和尊重蕴含在我们体内的神性光辉也很重要。我不需要其他人的认同或接纳。我要关注能提升我、而非耗尽我的事物，这也代表偶尔向别人说“不”并不是自私。

手里握着温热饮料的安静的反省时刻，真的改变了我的人生。从那时起，我真的非常珍惜一边啜饮最爱的饮料，一边静静反省的时光。虽然现在我最爱的饮料是咖啡而不是茶。这是我宝贵的“独处”时刻，我极为重视；没有它，一天就不完整。

我很忙，谈休息真的太奢侈（其实，你怕一个人？）

宁可三日无粮，不可一日无茶。

——中国俗谚

你也许不爱喝茶或咖啡，这完全没有关系，这项仪式适用于你喝的任何饮料，就算是一杯水也可以。请记得，重点不在于饮料本身，而在于每天花一些时间，独自平静地反省自己和人生的行动。在于品尝这一刻，给自己一点时间、空间和平静；在于给你的杯子倒点东西——这是真正的行动，也是比喻——让你有更多东西可以给予他人。

如果你最爱的是酒类，那也无妨，只要你限制自己一天只喝一杯即可。如果超过这个量，这项仪式就不再是爱自己的仪式，因为有充分证据显示，过量摄取酒精会对健康和幸福产生毒副作用。程度较轻但也不可忽视的是，若是从浓茶、咖啡或汽水（如可乐或功能饮料）中摄取太多咖啡因，也可能有毒副作用，所以无论什么东西，我们都建议适量就好。

理想上，这项仪式由你一个人执行最好。如果亲朋好友或同事老是在旁边、想与你一起度过休息时间，你可以礼貌地告诉他们，你需要一点空间和时间来反省。也许你可以为他们另作安排，晚点再一起喝一杯。

如果你觉得一点休息时间太奢侈，宁可边走边喝，解决之道很简单：找时间。你只需要给自己几分钟的空间和平静，拨出那一丁点时间，这将会提高而非降低你的生产效率，因为这项仪式的目的就是帮你充电。一辆汽车要是燃料用尽就跑不动，自我关爱也是一样。如果你不每天给自己一点时间和空间反省，以自己为中心，就不可能有高产的一天。

如果你觉得很难用这种方式多给自己一点时间，问问自己，为什么多给自己一点时间那么难。幸福、成功的人都了解，关爱自己有多重要，都将这点融入生活。

当然，敦促你多爱自己一点，说比做来得容易，所以我在这里提供一些秘诀，或许能帮上忙。

·做你自己最好的朋友

用你对待挚友的方式对待自己。别太严厉或得理不饶人，要像对待你爱的人那样温柔、正面地说话。

·避免完美主义作祟

完美是不可能的目标，只会害你不那么爱自己。不管是谁，唯一能期盼的，就是完美的不完美。

·半满的杯子，而不是半空

当你把喜欢的饮料喝到一半时，提醒自己这是还有一半而非只剩一半的杯子，并将这个概念扩展到日常生活。抛弃负面的滤器，更聚焦于正面而非负面的事物，论及对自己的看法时更要如此。千万别辱骂自己，如称自己为“失败者”，因为你不能用你做错的一件事来定义全部的你。这需要你用更正面的方式，改写内心的脚本。

爱自己是一种选择

爱自己是你可以马上做的选择。不必更苗条、更成功，或通过什么考试、得到哪份工作才能爱自己，此时此刻就可以爱自己。你随时可以选择这么做，真的这么简单。

如何喝你一天一杯的饮料

在你日常作息的某个时刻，花几分钟拿着你喜欢的饮料安静地独坐，用这段时间反省并享受片刻的宁静。你选择哪一种饮料、什么时候要做，都无所谓——不过以传统的上午喝咖啡休息时间最为理想——重要的是，这是专属于你的时间，是让你思考自己的感觉、反省人生和需求的时间，这是你的温柔时光。

茶道是以烧开水、沏茶、奉茶和自饮等简单的动作为基础，以崇敬的心供应而得到感谢，一碗茶满足生理和精神的渴。

——里千家，日本茶道流派

将喝茶或喝咖啡的休息时间转化为仪式，这个灵感是汲取自优雅的日本茶道。在日本，喝茶有着深刻的精神意义，沏茶则是一种丰富身、心、灵的冥想。

在你休息片刻、享用最爱的饮料时提醒自己，这段时间的意义不只是片刻宁静，这是专属于你的时间，让你心情平静、倾听你的内心和灵魂，关爱自己。每当你不好好照顾自己，或在错的地方追求幸福和成功时，你的灵魂一定会让你明白的。

在记事本里写下：

改变人生的仪式：每天拨出一些安静的时段，享用你最爱的饮料。

理论：这会鼓励你聚焦于自己的需求，以及爱自己有多重要。

练习：小心**不要把这宝贵的时间花在手机或担心待办事项上。**专心喝你的饮料，如果你觉得思绪不知道飘到哪里去了，只要把注意力带回你手上的杯子和饮用的感觉上即可。一定要选一只漂亮的茶杯或马克杯，并花点时间感谢茶（以及种茶的人、把茶运到你手中的货车）。请留意这小小的自我关爱仪式如何带给你平静与喜乐，并观察你的幸福感和给自己一点休息时间之间，是否有关联。

做就对了：在你的杯子里倒点东西！

千万不要忘记，休息喝饮料时段的重点，不是喝哪一种饮料，而是一种心理状态，一种改变人生的方式。它会提醒你，只要你给自己一点休息时间，便可以在自己身上找到魔法和爱来改变人生。

10 放手吧，承认回不去了，你方能得到未来

迟早我们都要放开过往。

——丹·布朗（Dan Brown），《达·芬奇密码》作者

对多数人而言，抱歉不是最难说出口的话，再见才是。很多人都觉得放手很难，因而紧抓着妨碍我们茁壮成长和向前迈进的负面感觉，所以这个仪式谈的就是释放。

释放是个人成长的关键，但对多数人来说，并非那么自然的举动。这是一种习惯，而接下来的 21 天，我希望你花一点时间释放任何阻碍你的感觉。如果我们想要获得成功和幸福，就需要有意识地决定放手，而且要一而再，再而三地

放手。

在放手的过程中，你会失去很多过去的东西，但会找到自我。

——迪帕克·乔普拉（Deepak Chopra），美国作家

研究显示，诸如恐惧、愤怒和内疚等负面情绪，会使身体分泌某些物质而削弱免疫力，导致重大疾病、疲倦，使得整体健康恶化。抱持负面情绪，也可能损害心理健康和诱发抑郁。

释放这些情绪，将使你不再那么在意别人的想法，因为当你放开让你情绪低落的事时，便会重新找到自我，而其他一切自会迎刃而解。另外，适度放手也会鼓励你不再把自己看成受害者。如果将自己视为受害者，便无力创造改变人生所需的正面变革。为你的感觉承担责任、放开过去向前走，便能找回控制权，拥有掌握全局的力量。

放手与忽视或压抑不同，而是恰恰相反。放手前，你必须正视负面的感觉。若仅聚焦于正面思维，却疏于适当地关

注长年累积的负面情绪，恐有酿成灾害之虞。这是因为要寻得人生意义和个人成长，需要同时处理喜悦和痛苦。不好的感觉也有警示作用，提醒我们注意人生毫无成效的面向，因此必须认清。所以，虽然不可能避免负面的感觉——毕竟人生不如意十之八九——但重点是学习如何面对它们。压抑或一直抱持着负面情绪，都会伤害身心健康。承认它们、从中吸取教训而后释放，将提高健康快乐的机会。

我们必须愿意放开计划好的人生，这样才能拥有等待着我们的人生。

——约瑟夫·坎贝尔（Joseph Campbell），美国神话学家、作家

家母过世时，我没办法放下她。我拒绝承认这一事实，我不想看到身边有她的个人物品，所以我把它们通通送走，仅留下少数遗物，并将它们收进一只鞋盒，放到我的床铺底下。

每当有关她的思绪浮现脑海，我就闷着头工作。面对悲伤是我无法承受之重。我没有哭，在她的葬礼上，我感觉魂

不守舍，就好像我在注视着自己的身体和仪式，而没有参与其中。家母过世好几个月后，我仍不允许自己哭泣。

如果你懂得怎么健康地伤心、了解放手有多重要，我的自欺欺人在你看来也许难以理解，但在此我要用它作为极端的例子，说明不放手、不接受某个重要的人（事、物）已经离开你的生命，有多危险。毫无意外，这种拒绝承认事实的心态太过脆弱，无法保护我不被悲伤侵袭，所以在家母过世六个月后，我整个人陷入严重抑郁，花了好几年才脱离泥淖。现在回顾起来，我明白假如我能以健康的方式哭泣、悲伤、放我妈妈走，就不必坠入绝望黑暗的深渊，白白浪费几年的生命。

我能走出抑郁的一大关键是学会放开母亲；而点一盏天灯，看着它在夜空飘远，这种强而有力的仪式在我放手的过程中扮演着重要角色。我连续一个月每天晚上都做这件事，慢慢地，我能够承认我的痛并释放它，哭泣、伤心，在人生的道路迈步向前。一路上我也明白，抑郁的黑洞之所以诱发，不只是因为我在母亲过世后拒绝哀伤，也因为我过去无法放开其他关系、感觉和经验。我像搜集癖一样囤积过往的一切，而这也重重地把我压垮。

有时候，放手只需认清一个事实：我正毫无必要地紧抓着已成过往云烟的人、事、物。例如，人生各阶段的朋友，明明已经疏远、失去真正的联结感，却还保持联系。其他时候则要释放含有剧毒的物质。例如，我对父亲经常在我生命中缺席的愤怒和怨恨，在我心里蔓生的低度自尊与缺乏自信，或者我梦想成为芭蕾舞者却无法实现的悲哀。

今天，放手是我每天都在做的事，我相信必须天天实行。这表示要接受把我形塑成今天这个样子的所有面向，**活在当下，而非通过回忆的滤器生活**。这也代表要把自己当成完整而非支离破碎、四分五裂的个体看待。我天天进行放手的仪式，因为如果不这么做，我知道自己又会掉回过去的方式。

放手对一位有两个青少年子女的母亲而言也非常重要，因为我仍常把他们当成宝宝看待，以为我还是他们的世界，我必须学会接受他们已长大成人，爱我，但不再像以前那么需要我的事实。我放手的方式是象征性的，会通过一种视觉仪式进行——我会在后面详述其中一些部分。这会让我感觉事情已经完结，但一如所有仪式，放手的仪式必须是对你有效的。在此，我只能提供对我自己有效的建议。

你又不是我，怎么能了解我的痛？

> 放弃和放手之间，有个重要的分野。
>
> ——杰茜卡·哈奇冈（Jessica Hatchigan），美国作家

多数人不敢承认自己内心的痛，因为他们认为这会再次扯开旧伤口，让他们重温旧痛。事实并非如此，因为你不是重新经历过去的痛，而是在释放它、让它走。这个过程完全合乎自然，带来的痛苦也远不及内心的痛。

也有人害怕放开旧伤口，可能是因为已安逸地拿它当作不快乐和不成功的借口。如果真是如此，而你又想让人生更美好，这个放手仪式就格外重要了。频频回首的受害者心态，是幸福的绊脚石，无论在人生哪个层面都是如此。

出乎意料的是，这项仪式的另一个障碍，是以为自己没

有东西需要释放。或许你没有伤心的回忆或令你情绪低落的感觉。即便如此，放手依然重要，因为人生就是要不断向前走。你需要放开已与你不再契合的人生阶段、人际关系或境遇。无论我们是否意识到永远有需要放手的人、事、物，就算放手只是用爱与祝福向昨天发生的事说再见。

放手的仪式

如前所述，找到属于你自己的方式，放开已不再有共鸣或者会阻碍你前进的情绪、境遇、人际关系或信仰，是相当重要的。即使我们浑然不觉，但对每个人来说，放手都是持续进行的过程，如果你每一天都想彻底拥抱今天提供给我们的机会，就必须放昨天离开。所以，我在这里提出一些建议，以促进这个过程。

首先，唤起一段过去惹你不快、悲伤或遗憾的经历或境遇。在脑海中想象情景，而后当你进行选择的仪式时，正式放开那痛苦的经历或感觉。如果没有任何需要释放的事，就聚焦在昨天发生的事，放开它、让它过去。这里有些建议。

· **随风而逝：**这是我最喜欢的放手仪式之一，这要在户外进行。只要拾起一件轻的东西，如羽毛或叶子，朝它吹口气，看着它随风飘走。当它越飘越远，我会向过去或需要放开的人、事、物说再见。我好喜欢这种仪式，也能确切体会为什么这么多人会从把挚爱之人的骨灰撒向风中得到慰藉。

· **灰飞烟灭：**如果你有时间和机会，把你想要放手的事写在一张纸上，点燃火柴，看着那张纸烧成灰烬（请注意安全），这会是相当强而有力的释放仪式。

· **断了线：**如果你有时间和机会，带一颗气球到户外，一边割断绳子看着它飘远，一边向过去说再见。在夜幕低垂时放天灯，也有一样的效果，甚至更美。就是放天灯这种美丽又激励人心的仪式，助我走出丧母之恸。

· **付诸东流：**把几朵花扔进河里，看着它们漂走。如果你不住在河边，可以在每次拔起水槽塞子时，进行这项仪式。

· **整理空间**：这可以和第 8 项仪式一起进行，当你清除杂物或整理一个空间时，你可以想象是在让旧事物离开，让新事物进来。

· **祝福、珍重再见**：如果是时候向曾一起读书、生活、工作或发展过重要关系的人说再见，最强有力的方法是简单地说声珍重再见并给予祝福。

放手有无数种方式，但搭配视觉或象征性的行动，可以让过程更容易产生联结。如果没有时间或机会，较简单的仪式完成方式是深吸一口气，屏住几秒钟，再慢慢吐出，直到肺里没有空气残留。当你呼气时，要同时向过去或需要放手的东西道别。

无论你选择什么仪式，完成之后都要给自己一点庆祝的时间。不要跳过这个重要步骤，因为你刚刚完成的可是一件大事呢！情绪可能困住你，让你心灰意冷，而这样的放手仪式可以让你自由。如果在某些日子，在进行仪式之前觉得想哭，就让你的眼泪成为仪式吧。

在记事本里写下：

改变人生的仪式：每天花点时间，放开旧事物。

理论：这会帮助你更充分地拥抱当下，避免负面或不满足的情绪、关系和境遇阻挡你。

练习：当你放开任何阻碍你的事物时，享受那股轻松的感觉。记下你的放手仪式与你把握当下的能力之间是否有关联，21 天之后，你会看到前路豁然开朗。

做就对了：放手吧！

没有人想体验情感的痛，但这是人生的一部分，如果我们紧抓着伤痛不放，就会累积情绪的包袱，阻止我们前进。根据佛教的说法，我们生来就背负万喜万悲，而我们的挑战是不要被这些欢乐或痛苦压垮，要敞开心胸、付出关爱，莫封闭、莫冷漠。

11 祈祷不是求神赐予，而是期望自己能做到

七天不祈祷，使人软弱。

——艾伦·瓦雷特（Allen E. Vartlett）

这一项仪式要请你将心思全部投入你希望在生命中发生或显现的事物。你越相信你所想的事、投入越多精力，它们就越可能发生。别被挡在面前的细节、障碍、怀疑或恐惧分散注意力，只要继续全神贯注在你的梦想上。你需要训练心智，让它完全相信你真心希望有朝一日会发生的事。

读到这里，你也许会以为，我又回到许多励志书中强调的正面心法力量，实则不然。**这本书着眼于“做”，而不是“想要**

做”。继续读下去，你会发现这一项改变人生的仪式也不例外。

如果你只在碰到麻烦时祈祷，那你就麻烦了。

——佚名

学者已研究过乐观有助于健康的观点，并得出一个明确而响亮的结论：正面的态度一定会促进身心健康。科学已经证实祈祷确实具有疗愈力，虽然这些研究主要着眼于祈祷对于具有强烈宗教倾向的人有何健康效益。不过，其他针对正面思考和意念的研究也清楚显示，专注的思考有强大的力量。你可以把它比作将一颗球扔向空中，知道它会在某个时候掉回地上。换句话说，你满怀热情地去想或关注的事，会以某种方式呈现在你的生命里。

“神明一定不爱我，它根本听不到我的声音”——祈祷的心障

唯有望着你的心，你的视野才会变得清晰。往内心看的人会觉醒。

——卡尔·荣格（Carl Jung），瑞士心理学家、精神科医生

这里有几个需要当心的大型障碍。不要奢望一夕之间通通克服，因为要戒除一辈子养成的习惯需要时间。你只要察觉到就好，因为觉察力会慢慢提升这项仪式的效率。

· 困惑、担心没有效果

你可能一边为你想要的事物祈祷（或集中意念），一边担心你不乐见的事情发生，或担心自己不切实际而祈祷无效。例如，你可能有发财梦，又担心这是以自我为中心的理想。若是如此，你的心就会感到迷惑，而无法集中起来帮你达成目标。你必须明确指示你的心，让它能回应你的祈祷。请记得，你一天有成千上万个念头，如果你只花几分钟梦想着升迁，那不足以抵消你在其他时候对于主管怎么看你的忧虑。请记得，**要让祈祷发挥作用，必须清除所有与之对抗的心念，**完全相信你的梦想。你必须根除怀疑。

· 关注琐碎又无意义的事

科学证实我们有很多习惯性的心念，而且绝大多数既琐细又无意义，如担心某人说了什么，哪个名人说了什么，你的公共汽车票价多少等。这些琐细的想法可能支配你的生活、造成困惑和不完整的感觉，反观意念和祈祷则会带来平静和完整感。

· 周围的杂音

每一天你都会遭到来自别人、家人、你的文化和宗教等的种种声音与意见轰炸。这些杂音可能让你看不见真正想要的事物，所以你必须设法避免彼此对抗的干扰，专心致志。本书的一些仪式可帮助你专注，但如果其他方法通通失败，你或许会想试试冥想的练习，以协助你摆脱琐细的念头，获得更超然的洞察力。

· 你脑海里的声音告诉你办不到

祈祷或意志的最大障碍，或许是你自己脑袋里的批判，它不断地告诉你这个办不到、那个办不到，或你不够好。在这里，我要告诉你一件非常重要的事，这些负面的自我批评没有一个是真的，但因为你误以为是，往往赋予它们负面祈祷的力量，使它们开始显现在你的人生。你必须改变内心的声音，让它能助你向上提升，而非向下沉沦。

· 只是乞求，而不是去相信

就本书的目的而言，祈祷与宗教无关——宗教是向上帝或更高的力量（无论那对你而言是何意义）请求或乞求协助、怜悯或安慰。若你乞求或请求什么，那便夹带着这个假设：你可能得到它，也可能得不到。

要让这项仪式改变人生，你必须基于以下这个假设来运作：你希望见到的事情已经发生。例如，如果你希望别人觉得你充满魅力，就要告诉自己你魅力四射。这对我们很多人而言，是很大的一步——尤其如果我们的自尊心不够的话。这就是为什么这项仪式要紧跟在爱自己的仪式之后。

如果 21 天后，你没有看到人生出现任何变化，可以回到旧的思考模式无妨，但现在姑且试它一试，看看会发生什么事吧！

· 抱持着怀疑

只要祈祷和相信，每一个人都有不凡的能力。想想那些鼓起不可思议的力气或勇气抬起重物、拯救孩子性命的母亲；或是赛前不被看好却大爆冷门的运动员。这些人都有强大的意志力或心理的祈祷、箴言，这些告诉他们，他们办得到。**让“办得到”成为你的箴言吧。**

我们的意念创造了我们的现实。

——韦恩·戴尔（Wayne Dyer），美国作家

希望和相信之间，有着实质的差异，最近我的写作生涯证明了这一点。从我有印象开始，我当作家的目标就是以鼓舞人心、振奋精神，提出可能让读者对人生感觉更美好的事实，赋予他们力量。我为一切有关心灵的事物神魂颠倒，也幸运获邀写了一本又一本这类的书，却也心知肚明，我的作家工作没有太大的吸引力。为什么？因为有很多人并不想读

这类“心灵”的书籍——凭什么要他们读呢？

然而，我一直希望有朝一日有机会写一本具启发意义又能改变人生的书，与平常不读这类书籍的读者说说话。我常问我的出版社，能不能让我尝试看和我平常所写的不同性质的书——连提案都送了——但他们毫无兴趣。他们把我视为心灵作家，而我改变不了这个印象。我放弃希望，继续在我的舒适圈里写作。

然而 6 个月前，我的内心有些改变。或许有感于世界因信仰差异而陷入动乱，或许因为我的孩子正迈入青春期、自认无所不知但显然并非如此，而我想要引导他们。无论什么原因，我记得我在夜半醒来，大声对自己说：“我现在就要写一本可能对每个人而不只是拥有信仰的小众说话的书。”我告诉自己，如果没有出版社感兴趣，我就自己写，贴在自己的社交媒体页面——那在当时已相当受欢迎，让我觉得是时机已至的征兆。

我没有开玩笑，我改变主意——改为相信或祈祷，不再是希望——不到一个星期，就有人给我机会写这本书，真的是凭空出现的。那其实不是我的构想，而是我的编辑的灵感，但对我来说一点关系也没有。生命正赐予我机会写一本改变人生的书，献给任何有心把它拿起来阅读的人，我由衷地觉得自己具备相关经验、知识与能力来撰写这本书。

祈祷的仪式

你不必信教也可以祈祷，除非你想，否则也不必跪在地上、高举双手。你只需要运用意念吸引想要的事物进入生命。尽可能为你的意念增添活力、色彩和关注——感觉它们正在发生，相信它们可能发生。当然，本书已清楚地解释过，光用想的不够，你必须采取行动，但明确表达你的意图是第一步，也是最重要的一步，不管你要打造什么，这都是扎实的基础。

如果你真的不知道该如何祈祷，或不想用你以前的方式祈祷，请了解，方法没有对错。你可以大声说出你的信念，也可以默念。你可以跪下，也可以走动。重要的是这是你个人的事，要由你赋予它神圣的意义。我唯一的建议是请你拨出时间做这件事，最好是在平和、安静的环境中。当你进行时，不要光用想的，也要用全部的心感觉它。你在做的是用正面的想法或信仰引发正面转变。你只需要花几分钟时间，将你的心、感觉集中在想要显现的事情上。

实践你的梦想，开创你的人生，与意念一起过日子。

——莱斯莉·施瓦茨（Leslie Schwartz），美国作家

对于你想成就的事物，尽可能表达得明确具体，也务必讲求实际。比方说，如果你想成为畅销书作家，但从来没有出版过书籍，请先想象自己顺利在当地报纸发表一些文章或撰写博客；达成这个目标后，你就有信心聚焦于“称霸全球文坛”计划的下一个阶段了。

从早到晚，你都要集中意念在你希望发生，并且——本章已多次强调——相信会发生的事情上。接下来的 21 天，要尽可能经常地看到它通过你的意念、白日梦和梦境发生。如果你发现自己心生怀疑，或被转移到琐碎、不重要的思绪中，

请慢慢将注意力转回你在第6项仪式“想象”的成果。

在记事本里写下：

改变人生的仪式：你集中意念想象的事，一定会发生。

理论：借着祈祷和着眼于实现成果，我可以吸引该成果进入生命。

练习：你的祈祷可以简单，也可以复杂，任君选择，但请将它放在心中，让它陪你度过这一天。在你于日常作息中加入祈祷后，如果有任何正面的转变，请记录下来。

做就对了：祈祷！

当然，在现实世界，缺乏行动的正面思考没办法带你到达任何地方。但同样的，只有行动而缺少正面思考，你也哪里都到达不了，因为缺乏正面思考，你就是不会觉得受到鼓舞或激励，而两者你都需要。请记得，祈祷不是乞求或请求赐予什么，而是预期，是指望做到什么。如果你不喜欢祈祷这个词，不妨用意图或冥想进行替换。

要是你到 21 天后仍未见到人生有任何正面转变，大可回到你旧有的思考习惯。先试试这项仪式，你会有数不清的收获，而且绝对不会失去任何重要的东西——除了负面心态。

选择你的想法，选择你要释放和增强哪一种情绪的洪流，决定了你的人生会有什么样的经验。

——加里·茹科夫（Gary Zukov），美国作家、心灵导师

12 做点好事（而非牺牲），让别人愉快

仁慈之举，无论多小，都不会白费。

——伊索，寓言作家

不可否认，不论你多相信自己和你的梦想，别人——其他人的意见、生活方式和建议——仍会影响你和你的人生。与你的心越近的人，越可能对你产生冲击。但令人惊讶的是，有时候就连和陌生人的简短互动，也可能影响你一整天的心情和行为。研究显示，人类的大脑特别善于接纳建议，尤其当那些建议来自我们信任的人时。我们并未意识到这一点，却常改变自己的行为，以迎合他人对我们的期望。要摆脱这

个束缚，关键当然是不要理会那些期望，而是聚焦在你为自己设定的期许上。

别让其他人决定你的重要性、能力和价值，我希望先前和之后的仪式，都能让你明白超脱情感与关注自我的重要。不过，要挣脱别人对你的人生造成的负面冲击，还有一种出乎意料的方法，就是试着帮助他们（你选择你能帮他的，而不是让他指定你来帮什么）。

当你帮助、鼓舞他人，亲切和蔼地对待他们时，他们不是唯一的受益者，你也会大大受惠，并提高获得成功与幸福的机会。因此这项仪式和下一项仪式，鼓励你为别人付出。让我们解释一下个中缘由和对你的好处，以及付出可以如何让你的人生更美好。

在我看来，要知道一个人有多伟大，就看他怎么对待不需要以礼亲切相待的人。

——约瑟夫 · 沃思林（Joseph B. Wirthlin），美国作家

以下是助人何以为快乐之本的数个强大理由，相信它们可以鼓励你多付出一些。

· 帮助别人，你会先快乐

研究显示，经常担任志愿者或为慈善团体付出时间或物力的人，当他们感觉愉快时，大脑会分泌化学物质。你不只会在行善或捐献时体验到这种“助人的快感”，每当你做了某件不求回报的事时，都会有这种感觉，就算是相对不重要的小事，如为你后面的人撑住门，方便他们进出。

· 提振你的心情，减少焦虑

不列颠哥伦比亚大学的研究人员，曾指派有严重焦虑的人为别人做些体贴的举动，连续四个星期。这些举动包括撑住门、慈善捐献或帮朋友买午餐等。四个星期后，研究人员发现，为别人做好事，能提振人们的心情，提升社交自信。

· 增强信心

研究也显示，付出时间的人较可能有较高的自尊，而我们已经知道，健康的自尊是幸福、成功的人生不可或缺的。

· 助人能让你乐观

帮助他人可以改变你的态度、提振心情，让你更乐观。做好事或协助他人也会提高你的自主权，赋予你意义感和使命感。

· 助人可使自身内心平静

出人意料的是，帮助他人也是减轻压力、寻得内心平静与祥和的一种方式。这也能让你更珍惜已经拥有的事物。最重要的是，得克萨斯州大学的研究显示，帮助他人也能赋予你力量帮助自己。

· 鼓舞他人行善

帮助他人不仅能帮助你和相关人士，还有第三方效应。

剑桥大学的研究人员发现，任何人见到（甚至只是听闻）有人获得帮助的情景，就会受到激励而去为别人做点好事。这么一来，单单一件善行，就可能让世界变得更美好。

· 善有善报

请记得“吸引力法则”——你想要的事物，多半会在你的生命中显现，你的话语和行为也是如此。你付出什么，就会得到什么。如果你想感觉被爱，就试着爱别人；如果你想获得协助和支持，就协助和支持他人。你可以先别相信我，试三个星期，看看我说的对不对。你不会有任何损失——除了只顾自己这点。

· 人们不会遗忘你

让别人感觉特别，还有另一个令人信服的益处，那就是人们谨记在心的，往往不是你说了或做了什么，而是你让他们有什么感觉。如果你让某个人感觉良好，他们对你就会有不错的印象。如果你在人们需要时协助、支持他们，并且态度和蔼可亲，他们就更有可能帮助你。

综合以上种种考量，帮助他人、感觉美好，在某种方面真的是双赢。

就在我写这本书时，这项仪式强而有力的影响令我大吃一惊。我注意到，我有一本书在网络上被严重抄袭。这种事情已经发生过很多次，我都只简单告知出版社就不管了，但这一次情况截然不同。虽然这名作者——在这里我以假名鲍伯称呼他——显然是剽窃我的作品，但他呈现得非常优美，而且显然非常了解和热爱那本书。我不知道为什么，但我决定不要告知出版社，反倒试着和他联系。我不建议你这么做，但我这么做了。

我发了信息给鲍伯，说我已经发现他的所作所为，能否和他谈谈。我告诉他我没有生气，他针对我的作品所做的事，也算是一种恭维。我真的没有指望他会回复我，但我不一会儿就收到了回音。他表示深深的歉意，并感谢我没有检举他。他告诉我一些详细的个人信息，恕我不能在此公布，而我的心中也对他寄予同情。我知道他没有撒谎，因为要在网络上消失无踪太容易了。他是真心道歉，也是真心欣赏我的作品。总之，长话短说——我决定试着帮助他。鲍伯的网络造诣显然比我高深许多，所以我建议或许我们可以开展合作。我也称赞了他对我的书所动的手脚。

几天后，我收到鲍伯传来最令人感动和振奋的信息。他说他不敢相信我愿意原谅、理解、不控告他，这鼓舞了他去为生命中某个曾伤害他的人做一样的事。鲍伯说帮助别人的感觉真好，从现在起，他要做一个更好的人。

读那则信息也让我感觉很好。我当然该检举他，因为他做的事是错的——我也不建议、不支持抄袭其他作家的作品——但当我联系上他以后，鲍伯便立刻撤文并承认错误。我由衷怀疑，假如他面临法律诉讼严厉、冷酷的威胁，会发生什么事。说不定他会换个名字，继续发文章——这种例子不胜枚举。

试着帮助他人做出更好的人生和工作上的选择，是一件意义深远的事。这让鲍伯燃起希望和可能性，我不认为其他做法能有类似成效。这让我觉得，是我和他的互动改变了一切，而我的感觉真好。

我自己都负能量了，还帮助别人？

一个好人一生最好的部分是他微小、无名、不被记得的慈爱之举。

——威廉·华兹华斯（William Wordsworth），英国浪漫主义诗人

诚然，如果你自己感觉不美好、不快乐，就很难为别人付出，但困难不代表不可能。你可以、也应该这么做，不只是因为帮助他人是对的，也因为如前文所指出的，助人其实也是以各种可能的方式帮助自己。如果你的感觉真的负面得不得了，你会感到讶异，为别人做些好事竟然能振奋心情。不相信吗？你知道我要说什么，未来21天，天天日行一善，为别人做些有帮助或激励人心的事，看看能否改变你快乐的程度。如果不能，那你大可回到过往的人生——但我仍然推荐你在睡前读一读查尔斯·狄更斯的《圣诞颂歌》（*A*

Christmas Carol）。

如果你真的觉得内心空虚、没什么东西可以给别人，你不必非得做规模浩大或耗费时间之举，简单如**一抹微笑，就能起作用**。如果你连挤出微笑的力气都没有，你或许会想花点时间分析其中的根本原因，并采取行动解决这个问题。

助人唯有在一种时候会产生副作用：你牺牲了自己的快乐、时间和心力为他人付出。如果你的情况是如此，就必须提醒自己，你没有办法从空的杯子倒出东西给其他人。先把你的杯子斟满，并设定健康的界线，因为**全由一个人单方面付出的关系不会是健康的关系，而是有害的**。你必须弄清楚为什么要和一个吝于回报的人发展关系，如果你不可能取得平衡，那就按照前面第 10 项仪式的做法，放手吧。

当然，有些时候，别人会预期你包办所有付出，如照顾婴幼儿或身心障碍者时；若是如此，在为他人付出和为自己付出之间取得平衡，对你的身心安泰格外重要。

如何让人愉快

在未来21天，每天至少刻意试着协助、激励或安慰出现在你生命中的人一次。他们可以是你亲密的家人或挚爱，也可以是你不熟的人或陌生人。怎么帮助他们并不重要，可以是宅心仁厚之举，如帮朋友搬家；也可以是亲切的小动作，如看着超市收银员的眼睛说“谢谢”；也可以只是个无缘无故冒出来的温暖微笑。

什么都可以，只要能让对方感觉比较好，或以某种方式照亮或点燃他们的生命。如果你不知道从何开始，这里有几个建议：

- 帮人撑住门，并微笑着看着他们通过。
- 帮同事买杯咖啡或主动帮他们沏杯茶。
- 开车时，让别的车或想横越马路的行人先通过。
- 对在柜台服务你的人笑一笑，与他（她）视线接触。
- 帮朋友照顾婴儿，让她（他）拥有一些自己的时间。
- 给失联已久的朋友传个亲切的短信：“你好不好。”
- 给服务生小费。

- 真心称赞某个人。
- 用心聆听某个人说话，不打断他。
- 在团体讨论中，试着让每个人畅所欲言。
- 捐一些衣物或零钱给慈善机构。
- 如果听到不中听的闲话，当那个说好话的人。
- 原谅某个人。
- 在超市礼让买东西比较少的人，让他（她）先结账。
- 给某人一个拥抱。
- 在某人 Facebook 的留言板上写些好话。
- 在办公室或学校与你以前没与之说过话的人说话。
- 在公交或地铁、火车上让座。
- 想皱眉的时候，笑一笑。
- 看到辛苦提重物或推婴儿车的人，帮助他们。
- 相信你爱的人是无辜的。

我相信仁慈的魔法。每一个仁慈之举都能滋养心灵、锻炼灵魂。

——佚名

当你对别人行善时，你会得到助人的快感。当你体验到这种感觉时，提醒自己，你的所作所为不只是为了自己和另一个人好，更是为了整个世界。

另外，助人也会让在旁看见你行善的人感觉美好。如果你看过别人在拥挤的火车或公交车让座，相信你已经体会过这种感觉，这能恢复你对人性的信心。

在记事本里写下：

改变人生的仪式：让人愉快。

理论：帮助他人感觉更美好，也会让你感觉美好，更会吸引爱、援助和仁慈造访。

练习：留意做好事如何让别人愉快，并给你什么样的感觉。或许你也会考虑让你产生强烈情感的志业：也许是需要居家协助的年迈亲人或某家慈善机构。想想你可以怎么将协助他们化为仪式的一部分。观察你有多想激励他人与你有多幸福、成功之间，是否有关联，记录下来。

做就对了：帮助他人、让人愉快！

这也许不是你帮助别人的理由，但常有体贴行动的人，会越来越快乐。因为当你对别人好时，你就会感受到身为人类的美好——更乐观、更有道德、更积极。而当你对自己的感觉好转，就更可能吸引好的人、事、物。这就叫物以类聚。

因此，这个仪式谈的就是日行一善，并且帮助自己在过程中感觉更美好。这会鼓励你不管走到哪里，都要留下仁慈的足迹；并提醒你，如果你慈悲为怀，而非冷酷严厉地待人，你就会感觉比较快乐。

付出绝不会让人贫穷。

——安妮·弗兰克（Anne Frank），德裔犹太人，纳粹大屠杀受害者

13 听别人说话，但不要回应

我们有两只耳朵一张嘴，所以听的该比说的多。

——季蒂昂的芝诺（Zeno of Cittium），古希腊哲学家

倾听和第 12 项仪式息息相关——因为如果你聆听某人说话，就会让他们心情愉快——因此前一项仪式提到的所有益处、可能的障碍和资讯皆适用于此。事实上，前一项仪式的亲切举动建议表中，就有提到倾听别人说话了，如果某几天你真的时间紧迫，可以把前一项仪式和这项仪式合并在一起做，而这个仪式也会帮助你练习真正的聆听。

不过，倾听是非常强有力的行动，值得作为一个仪式来

特别说明。

倾听让你能感同身受，进而解决问题

听（listen）这个字的组成字母，和沉默（silent）一模一样。

——阿尔弗雷德·布伦德尔（Alfred Brendel），奥地利钢琴家

要减轻他人的痛苦与折磨，同理心是最好的办法之一。有同理心是指，从对方的角度理解他的处境，是设身处地、不带评判，能对他人的处境感同身受。同理心是一种进化，是解决人际冲突和所有问题的关键，它引领我们来到勇气与同情的境地。

身在现代社会，光是忙碌的生活、纷乱的思绪就够我们焦头烂额的了，这也使我们很少聆听别人在说什么。我们未全心投入、插话或失去专注力的情况，远比我们想象得严重。不倾听的问题，不只是不尊重或贬低对方，让他人觉得自己说的话对我们而言无关痛痒，我们也可能错失发现或学习真

正重要事情的机会。

当你在想要说话时倾听，就会得到一辈子的报酬——智慧。

——道格·拉森（Doug Larson），美国专栏作家

如果你专注于人们的话语胜于发表高见，你会讶异自己可以学到多少东西，以及人们会与你分享多少事情。

倾听如何成为一种仪式

接下来21天，每当你和他人对话时，请让你的头脑、心灵和眼睛完全投入。不要玩手机，不要先想着该怎么回应，全神贯注。不要光听对的、错的或你想听的，当你可以插话来阐述己见时，继续听对方说，理解他，寻找共同点，听出话语背后的真义、灵感和灵魂。

或许你会想仔细思考下面几句关于倾听的力量的名言，也许你可以把它们写在便条上，贴在显眼的地方提醒自己，或作为祈祷或正向肯定的一部分。

说真话需要两个人——一个说，一个听。

——亨利·戴维·梭罗，美国作家、诗人

你越安静，听到的就越多。

——拉姆·达斯（Ram Dass），美国作家、心灵导师

说话，只是在重复你已经知道的事；但聆听，可以让你学到新的东西。

——佚名

多数人聆听不是为了理解，而是为了回应。

——史蒂芬·柯维（Stephen Covey），美国管理学大师

聆听也具有神圣的力量，它会对别人造成深刻的影响，使他们觉得自己要说的话或贡献的想法很重要，也可能对你产生巨大冲击。当你在一天中进行不同的对话时，给自己的聆听者身份打分。你是全神贯注，还是心不在焉？是抱持同

理心，还是漠不关心?

请留意你的专注会如何影响说话的人。你会讶异于这能给对方多大的鼓舞和力量，如果你让对方感受到被倾听的美好，他们会回过头来对你产生好感。你也会惊讶于自己可以学到这么多东西。一再有研究显示，倾听对于领导效率和人生的成就至关重要。看看会发生什么事，并留心聆听他人的金玉良言，这或许正是你希望在你的彩虹尽头找到的黄金（编者按：在爱尔兰传说中，矮精灵会把黄金藏在彩虹的尽头）。

14 专注当下你做的事，能提高幸福感

很多人匆匆忙忙地过日子，没有彻底去活。我们非常专注于未来和希望获得的成果——从某种程度而言，本书也在鼓励你做这件事，要你思考自己的目标和达成的方式——但不该掩盖这个事实：唯一的现实是此时此刻，是当下。你拥有的人生是现在进行时，而如果你不关注当下，不在这一刻找寻喜乐和意义，就无法充实地度过人生，而不充实的人生也不会幸福、成功。

让每一天更充实的方法是运用正念。运用正念是**把注意力集中在当下——并且不带评判地接受它**——的实践。这没有乍听之下的那么简单，但如果你在未来三个星期完成本书

的仪式，就已经逐渐让运用正念成为你的生活方式了。

活在当下的意思是放开过去、不等待未来，意思是要有意识地生活，体会呼吸的每一刻都是礼物。

——奥普拉·温弗瑞（Oprah Winfrey），美国电视脱口秀主持人及制作人

科学家已经广泛研究过正念，发现它是快乐的关键要素。这种习惯和佛教关系密切，但已超越宗教，因为它要你聚精会神于当下及人生更大的风景，而不是为细枝末节分心。

马萨诸塞大学医学中心（University of Massachusetts Medical centre）减压诊所的创办人暨荣誉教授乔恩·卡巴金（Jon Kabat-Zinn），是将正念带进医疗实践的一大功臣，据他证实，正念可以增进幸福。卡巴金用实例证明，正念可以纾解压力、降低血压、消除疼痛和改善睡眠，因而可以促进身体健康。它也可能在减轻抑郁、上瘾、饮食失调和焦虑症方面发挥作用。

有人认为，这是因为正念鼓励人们接纳自己的情绪，甚至包括痛苦的情感，而非试图躲避。基于这个理由，有心理

治疗师越来越常开出“正念冥想”（mindfulness meditation）的处方，帮助人们处理负面和消极的念头。

最重要的是，研究证实正念可以增进幸福感，它能帮助你更享受或品味人生。专注于当下的人，比较不会对未来感到焦虑或懊悔过去，也拥有较高的自尊和较满意的人际关系。

等我更有钱、更苗条、更有时间……

我已经明白了过去和未来都是幻觉，它们存在于当下，就在当下，只在当下。

——艾伦·沃茨（Alan Watts），英国哲学家、作家

以前我常想，只要我更苗条或更有钱、结婚或成为母亲、畅销作家，或等我的孩子长大，或等到有更多自己的时间……我的人生就能正式开始。当时我不明白，人生早在出生那一刻就开始了，而我一直在虚度光阴，老是惦记着未来。我花了将近 50 年，才真正领略当下的重要；而我的个人发展能迈出这一

步，我的孩子是催化剂：一眨眼，孩子突然间已不再是小孩了。

很多睿智的人都告诉我，要把握机会享受孩子的陪伴，但就像你获得精辟忠告时常发生的事一样，充耳不闻、直到你真的想听为止。**当他们年纪还小，童年阶段感觉好像真的永远过不完，而我一直在向前看，计划我们人生的下一步。然后忽然间，他们的童年结束了。**这一秒我还是他们的全世界，下一秒他们已摇身变成青少年，不再对妈妈感兴趣，只想到外面开创自己的天地。

孩子从儿童到成人的转变，当然完全合乎自然，但我就是没做好准备。我好想念我的宝宝啊。我在脑海搜寻足堪安慰的回忆，但浮现的都是假日，原因是那些时刻我真的全心投入、心无旁骛。当他们出生时，我期待他们的第一个生日，然后期待他们上小学、上高中，以此类推。我一直错过爱的魔力，以及和他们一起活在当下的魔法，因为我的心态一直都是："当这件事或那件事发生，一切会更好。"

有时我希望可以回到过去，浸淫在每一刻与孩子共度的珍贵时光中，希望它永远不会消逝。但我随即了解，**一如为**

未来分心，懊悔也是在浪费当下。我不想再重蹈覆辙，浪费更多宝贵生命而不充分珍惜现在。

几年前，一位朋友介绍这个概念给我，老实说，它已经让我的人生更美好。这些技巧终于助我领略这一点：今天不是为明天做准备，也不是为过去懊悔，今天就是今天，是我唯一拥有的，今天是最重要的大事。我由衷地希望读这本书的你不会和我一样，花这么久时间才明白，人生不是为憧憬未来而过，而要体察此时此刻。

> 过去与当下都只存在于心里——我在现在。
>
> ——尼萨迦达塔·马哈拉杰（Sri Nisargadatta Maharaj），印度灵性导师

当你运用正念或觉察当下的能力有所提升，你会发现人生更愉快、更平静。熟悉心灵的运作方式，也会让你感觉活得更美好、更快乐。但这条路并非没有阻碍，我曾好几次想要放弃，因为要真正活在当下并不容易，不过就和克服其他挑战一样，回报令人惊奇。要秉持珍惜现在的态度向前迈进，最好的办法

是认清可能的障碍有哪些，以及计划最好的应对方式。

第一，要明白一定会有事物让你分心，可能是负面的思想、要你注意的人或工作、噪声等。一旦发生这些事——这里我不用“如果”，因为一定会发生——切莫评判，将它们视为练习保持觉察力、助你更强壮的机会。你面对的挑战是伪装的老师，他们会协助你成长。

第二，你必须了解当你开始运用正念时，你的思绪会变得凌乱不堪。你往往会觉得毫无希望，但这时最重要的是坚持下去、熬过混乱。只要勤加练习，你会越来越轻松，如果你在进行日常事务时练习体察现在，觉知会变得越来越简单。

第三，你会发现有时就是想放弃，因为你觉得一切毫无进展。这时试着提醒自己，这是黎明前的黑暗，当你觉得自己哪里也去不了时，往往突破就在前方。别放弃——至少在这 21 天内不要放弃。

第四，负面的情绪或焦虑、愤怒、紧张和挫折的感觉，将是你最大的障碍。当这些东西出现时——它们一定会出现——**承认它们，但不要评判好坏**。注意它们，然后放它们离开。何况，一旦负面想法和情绪涌现，你很可能正在任由别人和你的原定计划为你的幸福安康负责，这就是灾难性的处置方式，因为唯一可以让你真正快乐的人，是你自己。

第五，如果你觉得正念练习毫无进展，试着提醒自己：运用正念没有目标，旅程就是目的地。每当你练习运用正念时，把注意力集中在当下，聚焦于过程、学习和成长。你就已经抵达目的地了。

第六，会有一部分的**你不想待在此时此刻，尤其是如果你必须处理艰难的情绪或境遇的话**。情况若是如此，提醒自己，你正在**学习接纳现在——因为现在就是全部**。要感觉美好，唯一的方法是找出当下的喜乐和平静。关于这一点，埃克哈特·托利说得比我好得多：

> 不安、焦虑、紧张、压力、担忧等形形色色的恐惧，都是未来太多、现在不够所引发。内疚、懊悔、愤恨、不平、哀伤、悲痛等不肯放过自己的表现，都是过去太多、现在不够所造成。
>
> ——埃克哈特·托利

如何更好地运用正念

只要贯注所有注意力在你做的任何一件事上，都可以转化为正念的仪式，不论是喝杯茶还是听别人说话。请记住，正念是带着关爱和愉悦，**全神贯注于你正在做的事，**心无旁骛。

关于如何将这个仪式带入生活，下列建议或许会让你觉得大有帮助。

· 有意识地行走

在某处行走时，注意你踏出的每一步。聆听你的呼吸、心跳，观察身边的一切。

· 只做一件事

一天的某个时候，选一件事，贯注所有的注意力，持续你所能持续的时间。不要将焦点转到别的事情。当你刷牙、吃香蕉、开车、走路、淋浴或做其他日常活动时，全神贯注于当下，并运用所有感官。

· 寻找美好

每天选定某个人或某件事物，欣赏他们的美——只看好的一面。也许是你上班途中的一棵柳树、办公室里的一幅画，或你行经的一条街，你知道它们存在，但没有真正留意过。去注意、欣赏每一个细节。

· 清洗

在一天的某个时候，你会洗手或清洗某样东西。这时一边洗，一边仔细注意水和肥皂。

· 听寂静的声音

每天拨出一些时间置身于完全的静谧，没有电视、手机或电脑在旁。

· 埋首于一本好书

乍看之下，阅读似乎会让你的心脱离现在，转到其他地方去，但相信我，专注于正在阅读的书，是锻炼专注力的绝佳方式。

· 容许情绪存在

如果你在一天之中觉得生气、焦虑、内疚或悲伤，不要逃避这些感觉，请充分体察种种情绪，让它们成为当下。不要评判你的感觉是好是坏，然后让那个情绪离开。这项技巧也可以套用在贪吃（成瘾的物质或行为）上。察觉贪吃的事实，不要评判，告诉自己一切迟早会过去。

· 观察你的意念

花点时间观察有哪些念头涌入你的脑袋。注意哪些想法让你愉快，哪些有相反的效果。不要被过去或未来困住，只要观察现在的心念，看它们现在的样子。

赵州因僧问：某甲乍入丛林，乞师指示。州云：吃粥了也未？僧云：吃粥了也。州云：洗盂去。其僧有省。（编者按：某位僧人初来乍到，赵州问他是否吃粥了，对方回答已经吃了。赵州又要他洗钵盂去，僧人了解赵州是用日常行事开示他。）

——禅宗故事

运用正念是一种仪式，因为它具有深刻的意义。每当你聚焦于当下时，也就是在赋予当下深刻的意义。

仪式不是不花心思地进行某种惯例或活动，而是为你的人生打造一件美好、具有意义又能充实力量的事物。但愿下面关于“此时此刻仪式”的建议，不仅能鼓励你在日常生活处处留心，也能强化本书其他所有仪式。进行这 21 项日常仪式时，应秉持深切敬意，以及对当下的正念。

在记事本里写下：

改变人生的仪式：每一天都要找一些时间，专注于当下。

理论：体察当下是种能大幅提高幸福机会的生活方式。

练习：你在练习运用正念时，也许会发现呼吸慢下来，整个人陷入沉思，且身心都变得较为平静、思考较不受干扰。随着你花更多时间关注当下，观察它如何影响你在危机中保持冷静，以及度过压力处境的能力。注意聚焦于当下的能力和幸福、成功的程度是否有关联。

做就对了：活在这一分、这一秒！

运用正念最重要的是接受任何时刻在意识中浮现的想法，

无论是正面还是负面的。这需要你善待自己，对自己温柔一点。如果你的心迷路了，开始批评、审判或分心，不妨慢下来、慢慢重新引领它回到当下。

别把人生当彩排来演，把这一天当成最后一天过。过去的都过去了，未来没有保证……但你拥有现在。

——韦恩·戴尔

日间仪式检查站

在白天某个时刻，请一一检查下面七项仪式，确定你已完成。为查询方便，你可以用手机拍下这张表，或快速记录在纸上，贴在书桌或墙壁上。

8. **整理**东西等于告诉大脑，我不让生活杂乱无章。

9. **来杯什么**，别想着待办事项。

10. **放手**吧，承认回不去了，你方能得到未来。

11. **祈祷**不是求神赐予，而是期望自己能做到。

12. **做点好事**（而非牺牲），让别人愉快。

13. **听**别人说话，但**不要回应**。

14. **专注**当下做的事，能提高幸福感。

第三部

睡前的仪式行为，让明天又是美好的开始

剩下的七项仪式，可在每天晚上完成日常惯例后，或慢慢结束一天的活动时进行。多数人准备上床睡觉、向一天说再见的这段时间，在此我们称它为你的魔法时段或黄金时段，因为你在这时所做的事，不只对于消除疲劳、恢复活力的睡眠至关重要，也能帮助你怀着正面的心情醒来。

之后七项仪式全都和缓而简单，做起来非常容易、自然，几乎不需要解说，你会发现每项仪式的资讯都会比前一项来得少。

你前一次在长日将尽时，真心感到快乐、心满意足地上床就寝，是何时的事？或许是你做了让自己引以为傲的事，或达成设定目标的时候？或许是一整天都在做你喜爱的事、见你心爱的人？或许是你过完一天，而觉得一切已截然不同的时候？

无论令你感到满足的原因是什么，我希望你记得愉快结束一天后的感觉。本书就是鼓励你充实地度过每一天，让你在夜深人静时，可以带着真正的满足入睡，明白你已经度过最美好的一天，也知道当你第二天早上醒来，又是充满决心的一天。

15 独处十分钟，明天才有力气与人相处

最好的思考，是在独处时进行的。

——托马斯·爱迪生（Thomas Edison），美国发明家

一直有人义正词严地告诉我们，相对于独处，正向的关系和与他人的社交互动对我们的健康快乐有诸多益处，但这个仪式要平衡这一切，请你在完成工作后，务必留点时间独处。无关乎时间长短，不过我建议每天晚上至少要有 10 分钟的独处时光，给你一个机会，反省这一天。

少了美妙的独处，完成不了正事。

——巴勃罗·毕加索（Pablo Picasso），西班牙艺术家

越来越多的研究显示，每天以适当的方式独处一会儿，可能有百利而无一害。

研究甚至发现，就连最外向、最热衷于社交的人，如果想提升专注力、创意思考和发展健全人格，也该花点时间享受孤独。简单来说，一如规律的运动和健康的饮食可以让我们感觉更舒畅，经常独处也可以。

这是有道理的，因为千百年来，独处就和艺术家、科学家、创新者和音乐家生平的创造力、赋权及智识突破相互联结。有些最卓越、最出色的构想是在独处时浮现的。尽管如此，很多人一提到独处，仍会联想到剥夺或悲伤、抑郁的感觉，但要发掘你真正的想法，一定要保持适度的孤独。

平静和孤独蕴含着强大的力量。平静独处时，你会回到自己的中心，重新校准自我意识。对我来说，**独处对成功的一天和人生而言是不可或缺的要素**。这是一段聆听自己的想

法、反省今天发生的事和活在当下的时间。我仔细清点，然后聚焦于对自己的幸福安康十分重要的事。

花点时间避开生活的喧嚣扰攘——无论是其他家人还是室友，或只是电视或其他家电的刺耳声响——或许还有一个实际的益处：能帮助我们放慢速度、放轻松。如果我们晚上想睡得好，这一点相当重要。

对我来说，独处一直是出奇重要的，当丈夫整天工作、孩子在学校上课时，我珍惜我写作、思考和梦想的时光。

五年前丈夫提前退休，忽然间，白天我不再是一个人了。起初有伴的感觉很好，但没过多久，我开始莫名烦躁，特别是和我丈夫带进家里的两只狗在一起时，因为它们老是和我的两只猫打架。雪上加霜的是，两个青少年期的孩子似乎有放不完的假，一切变得有点令人透不过气。

但我想办法熬过来了，我的办法是，每天晚上允许自己躲进自己的办公室一会儿。我会把门锁起来，享受完全独处的幸福。这时，我会听听音乐、上上网或坐下来做做白日梦。我相信，要是我不坚持这段只属于“我”的时间，一定会迷失自我的。

如何独处

如今很多人一想到孤独就心生焦虑，但独处可以是非常自在又充满力量的。在这个移动通信设备赋予我们即时联系的年代，就连在我们独处时，独处的定义也很模糊；但就本书的目的而言，这单纯指每天至少花10分钟独处，不和其他人一起，并且把手机关掉或放在另一个房间。

如果这不可能，因为你就住在一个老被打扰、空间有限的家，你必须设法找些“在一起孤独”的时光，如独自到外面散步时，一个人去咖啡馆时，淋浴时或在你的卧房门上挂“请勿打扰”的标示牌，如有必要，戴上耳塞。重点是不管外界环境如何，这是你一个人做的事——更重要的是，请将手机抛诸脑后，或只回紧急电话，不发短信、电子邮件或微信。

也许，在未来21天，当你做这件事时——就算你的独处时间仅为10分钟——会觉得有点焦虑或不快。如果你已习惯随时有人陪伴，这是很正常的反应。只要观察、不要评判这些不舒服的感觉，继续抽出时间独处。因为研究显示，**就算独处时不是特别愉快，仍会产生某种反弹效应**；在往后的日子，你会感受到更多正面情绪、更强烈的信心和自我价值。

独处是伟大的老师，要得到它的教诲，你必须聚精会神。

——狄巴克·乔布拉

为了从独处时光有所收获，请清楚地对自己表明，找时间独处是你的选择，而后赋予这段时光深刻的意义（将之仪式化）。独处和寂寞不一样。寂寞是一种若有所失的悲苦感觉，但能享受独处的人，会找到他们内心深处的自我，而这能帮助他们集中精神、发挥创意。花时间独处，也可能让你更有同理心、更善于社交互动，因为它给你暂时脱离密切联系、稍事喘息的机会，以及迫切需要的充电时间。

做就对了：创造你的独处时光！

如果你是简·奥斯汀不朽小说的粉丝，你一定很熟悉书中女主角经常找时间，待在房里反省一天经历的场景，也知道这样的深思如何助她通情达理、成为健全的人。因此，接下来的 21 天，你每天都要在忙碌一天之后，留点时间独处，反省已经发生的事、现在种种以及可能的未来。领取独处改变人生的礼物吧。

在与世隔绝、不被干扰的孤独中，心智会更加敏锐机敏。外在的影响会痛击我们，使我们充满创造力的心灵瘫痪；在脱离外界的僻静中，独创性才能欣欣向荣。

> 让自己一个人——创造发明的秘密：独处，是想法诞生的地方。
>
> ——尼古拉·特斯拉（Nikola Tesla），塞尔维亚裔美籍发明家

16 饭前先祷告——准备用餐的仪式，有其意义

所有重大的改变……都是从餐桌开始。

——罗纳德·里根（Ronald Reagan），美国前总统

在忙碌的一天中，我们的午餐大多吃得匆忙甚至略过，或在外头边走边吃，这项仪式就是要让你的晚餐感觉起来更有意义。饭前祷告与宗教无关，而是一种感谢你的餐点及尊重你自己和他人的态度。例如，你可以感激世界上那么多人没饭吃而你的盘子里却有食物，或感谢农民种了蔬菜，或货车司机把食物运到商店，等等。如此一来，饭前祷告不仅能赋予晚餐一些神圣的性质，其本身也成为一种运用正念的行动。

我的一天中最重要的部分，是一顿像样的晚餐。

——瑞秋·雷（Rachael Ray），美国知名电视主厨

科学家已经证实，全家一起享用晚餐的家庭感情较亲密，争执和离婚的情况较少，孩子在校表现较优异，抽烟、酗酒、吸毒、抑郁和焦虑的风险也较低。这不令人意外，因为全家一起用餐，是一家人凝聚和培养归属感的重要时刻，是家庭的黏合剂。

对独居的人来说，晚餐也可能是正面而神圣的时刻。用餐时，你要做自己最好的朋友，给自己最好的照顾，因为你值得。请记得，认为自己值得的人，比起不照顾自己的人，拥有更幸福、成功的人生。因此，把你的晚餐视为向自己展现你有多在乎自己的机会吧。

不论你是和别人一起吃饭还是独自用餐，饭前祈祷或做点蜡烛等类似的事，都是**提醒身体的信号，要它别再跑来跑去，慢下来，享用、消化**一份健康又营养的餐点。如此一来，吃饭时间就成为你可以聚焦在食物上，为身体提供高品质的

营养、补充它维持高峰运作所需燃料的时间了。

赋予一餐饭更多意义，与菜色无关

餐桌是一个家的心脏。

——佚名

大约 10 年前，我的孩子告诉我一件我心里清楚，但不想承认的事——他们说我是可怕的厨娘。从那时起，这就成了我家一讲再讲的笑话。当我下厨时，大家最好做好面临味觉灾难的心理准备，而他们可能是对的。

起初我觉得这挺逗趣的，但一阵子后，笑话开始令人生厌。时光荏苒，我开始极度仰赖外卖食物，晚餐也成了匆忙而紧张的事，因为渐渐的，外送不是来得太早，就是太晚。然后我亲爱的女儿在 14 岁时发现她喜欢做菜，所以逐渐开始接管晚餐。她做得好极了，从此晚餐时间成了快乐的相聚时刻，前所未有的时光。

身为母亲的我要讲这种糗事，确实有点惭愧，但我也以女儿为傲，因为**她教导了我赋予晚餐意义的重要**。重要的不是她煮的菜色——她做的很多餐点都很简单，吐司焗豆是她的拿手菜——而是她把神圣的意义带回我们的餐点。她是怎么办到的？她以一种非常简单的方式做到——她十分坚持要在饭前点一根蜡烛。点蜡烛这个简单的举动，为餐点带来神圣感，赋予我和每一个家人在食物前齐聚一堂的机会。

相信你会很高兴听到，现在我女儿晚上大多忙着和朋友在一起，而我已重掌主厨职务。但就算只有我一个人做饭吃或叫外卖，也从来没有忘记她教会我的事，我会点蜡烛。这让我放慢速度，赋予我用餐的意义。

简单的晚餐仪式

要将专注和神圣带上餐桌，点蜡烛是强而有力的方法。不过，要做到这一点，不是非点蜡烛不可，你也可以为餐桌创作一个漂亮的中央摆饰，以集中注意力。

例如，一束花、一个不平凡的装饰或一件鼓舞人心的艺术品。

不论是否信教，你都可以通过饭前祷告，帮你将感恩和意义带到用餐上。你可以选择传统的心灵祷告或宗教祷告，也可以自创。事实上，饭前祷告可以简单如一句："谢谢，今天让我们平安回家、共度这一刻，享用盘里的食物。"

如果饭前祷告不吸引你，你可以举起杯子说"请慢用"，或说句祝福的话。读首诗、唱首歌、听听音乐，也可能是你想纳入的仪式。如果你和其他人或家人一起住，试着让大家围桌而坐。

如果你和家人或室友一起住，你们在餐桌上对话有时可能会越说越激动，或许还会以争执告终。若是如此，你会想要维持比较轻松的话题。如果担心误入可能引发紧张的对话领域，也许可以事先约定一个"词汇"，如"就此打住"或"番茄香肠"，提醒大家放弃这个话题，单纯享受一起用餐的时光。

享用完一顿美好的晚餐，你可以原谅任何人，甚至包括自己的亲戚。

——奥斯卡·王尔德（Oscar Wilde），英国爱尔兰作家、诗人

如果你一个人住，何不一个星期至少找一两天邀朋友过来，给你的餐点一些特别的感觉？如果不可行，那就坐下来，赋予用餐意义——也许可结合第15项仪式。利用这段时间细细品尝食物、回味一天的事情，并给自己一些深情的关爱。

不论与人同住还是独居，晚餐都要坐下来吃，也要给大家时间就座（包括下厨的那位）以维持它的神圣。不要让手机或其他移动设备上餐桌，也务必关掉电视机。细嚼慢咽，充分感受餐点。如果能力许可，请用刀叉和细致的瓷器；用餐完毕后，先安静地坐一会儿，再开始收拾东西。

或许你也会想以一句感谢的话为这一餐画下句点：谢谢下厨的人，也谢谢生产和运送我们盘中粮食的人。

做就对了：饭前祷告！

你的晚餐仪式不必非得做饭前祷告，或说你小时候常说的那些话。这不必多复杂、多花时间，也可以是开动前的片刻静默。无论你选择哪一种仪式，重要的是它要对你有意义，要让你心怀感激和欣赏，确保你未来21天中每天的晚餐都营养丰富、心情舒畅，以及最重要的：真正的神圣。

饭前祈祷不是你领餐之前念的几句祈祷文，而是一种生活方式。

——佚名

17 把一天发生的事写下来

白日梦在路上惊扰了我，但写故事牢牢抓紧我，把我摇醒。

——尤多拉·韦尔蒂（Eudora Welty），美国作家

把一天的事情写下来，能帮助你更了解你的日子，也是表现创意的出口。很多人在社交媒体上发表了一大堆评论，但我们的精力其实有更好的运用方式，可以是写写离线日志，说出我们真正的心声，评论真正在我们生命中发生的事，而非我们认为朋友或追踪者想读的东西。

写日记是一段前往内心的旅程。

——克里丝蒂娜·鲍德温

写日记显而易见的益处是它永远地记录了你的个人史；每当你想要反省时，就可以拿出来翻一翻。除此之外，写日记也可以追踪你在人生各领域的进展。研究显示，纳入未来目标的日记，能提高达成目标的可能，因为它为你提供了检视的机会，看看每天做的事是否与长期愿景一致。写下目标的举动看似能提高达成目标的概率，或许这是因为把事情写下来感觉比较正式，也能帮助你集中精神。

得克萨斯州大学奥斯汀分校（University of Texas at Austin）的心理学家詹姆斯·潘尼贝克（James Pennebaker）也证实，写日记不仅能纾解压力、提高免疫力，也能帮助你忍受艰难困顿。创意写作需要同时用上讲究分析及逻辑的左脑和直觉的右脑，这让你得以运用全部的脑力，来增进对自己和周遭世界的了解。最后但绝非最不重要的一点，写日记让你在一天结束之际，明白你已尽了全力，这会为第二天创造动力与冲劲。

每天用日记写下你的梦想、目标和成就。如果你的人生值得活，就值得记录。

——玛丽莲·格雷（Marilyn Grey），美国作家

你小时候写过秘密日记吗？我明白，我也写过。我有那种带锁和钥匙的神奇五年日记本，并持之以恒地写了两年。当我来到青少年晚期，遇到令人目不暇接的事，写日记便顿失吸引力。我最近重读我的日记，发现它不可思议地透露了我即将变成什么样的成年人。当时我不了解，原来我一直质疑和挑战自己，有时日记也提出深刻的解答。

时隔数十年，我才重新写日记，而促使我这样做的催化剂是我应一本杂志之邀，要针对日记的好处撰文。我发现在作家东尼·罗宾斯的蜕变中，日记功不可没，而它也是许多高成就人士实践的仪式。随着我为那篇文章展开深入研究并开始撰写日记，事情越来越明朗：如果我将这个仪式融入生活，它一定能让我受益匪浅。我是对的，如果我没有把对这一天的感觉和想法，以及明天可以怎么做得更好写下来，我的日子感觉就不完整——事实上也不完整。

如何写日记

你只需要一支笔和一张纸，就可以开始写日记；用笔记本更好，如果你偏爱数码产品，用手机、平板电脑、笔记本电脑或台式电脑都可以。为了让写日记的经验转化为成功的仪式，请尽可能写得简单，并将思想集中在下面两个问题就好。

1. 今天我从自己和别人身上学到了什么？

2. 我可以做些什么，让明天比今天更好？

接下来的 21 天，每天都写下你的答案。也许只写一个句子，也许写十来句，重点不在于所花时间的长短，而是在于夜晚某个时刻，你会整理思绪以回答上面两个问题。如果有些时候你时间紧迫，你或许会想用说的方式把这些录在手机里，那也无妨。

如果有些事让你感觉很难下笔或难以启齿，不妨改用第三人称。人生难免有黑暗的日子，别认为日记一定要写得光明乐观，因为这样便有失诚实，而**日记真正的力量就在于诚实。**

你或许会好奇，社交媒体、Facebook、Twitter 等是否和写日记一样？我的建议是，把日记和那些玩意儿分开，除非你真的很想与朋友分享内心世界的秘密和谜题。一如你将在下一个仪式——拍一张自拍照——看到的，我其实不反对社交媒体，也认为如果用得聪明，它们可以是非常正向的东西。但就这个仪式而言，我会强烈建议注重隐私。要建立真正的自我意识，有些事情应保持神圣，只属于你一人。如果你和别人分享你的一切，便得冒着将自己完全拱手交给他人的风险，就像风中的芦苇。

你允许内心有更多光，你居住的世界就会更明亮。

——沙克蒂·加文（Shakti Gawain），美国作家

写日记可以提醒你，自我认同感强烈的人之所以拥有强大的内在力量，是因为他们让一部分的自我保持私密，只属于他们自己。他们说什么、做什么、想什么，不需要全部得到他人认可。他们了解也信任自己的头脑、心灵和

精神。

写日记是一种具有深刻个人意义的仪式，因为它帮助你认识自己；而一旦你认清自己，便会成长。写日记是关注内心，让你从内而外过得更好。要让它成为成功的仪式，请至少实行三个星期，并将焦点集中在上述两个问题，因为它们对于你的个人成长极有助益。

做就对了：写下来！为今天的自己留些记录

请记得，日记已被证实有助思路清晰、观察透彻，也能减轻压力，更是成功达成目标的关键。简单来说，写日记是一种神奇的个人发展工具，而一旦与本书所有其他仪式结合，将可大幅提升整体幸福，以及快乐、成功与启发的程度。

我写下来，是因为我要等到读了我说的话，才明白自己在想什么。

——弗兰纳里·欧康纳（Flannery O’Connor），美国作家

18 练习自拍，把自己拍美

当你内心有光，就能看到外界。

——阿内丝 · 尼恩（Anais Nin），美国作家

看着自己的眼睛，告诉自己你很美、很帅，是一种简单但有力可让人生更美好的行动。你会看到，当你能充分接纳、欣赏自己时，你的内在就会发生变化。

快乐的人最美。

——佚名

每天都有数十亿人花钱买美容产品或医疗服务，尽管我们追求美的代价急遽增高，多数人却只感觉自信暂时提升，于是又在这方面花更多的钱，导致这个循环持续不断。跟随流行，追求完全不切实际、用喷枪创造的美的概念，是徒劳无功的目标，这会导致失望、缺乏自我价值感和资金减少。

要让自己觉得自己有魅力，建立自尊是一种能省很多钱的方式，研究也支持这种从内散发的美，证实相较于不喜欢自己或自认毫无吸引力的人，健康自尊的人，日子过得较愉快，成功机会也较大。换句话说，你越快乐，越可能觉得自己有吸引力，在别人眼中也越可能魅力四射。

> 美不在脸上，美是心里的光。
>
> ——纪伯伦（Kahlil Gibran），黎巴嫩诗人

如果你真心称赞他人，你的赞美可能会对他人的外表产生巨大的冲击。不相信？试试看，告诉某个人你觉得他今天穿得赏心悦目、发型很好看或笑容很灿烂，看看赞美会如何使他容

光焕发。你或许会看到他一再穿同一套衣服，看到他抬头挺胸。

我当健身教练时，多次亲眼见证学员变得越来越美。这不只是运动习惯使然——虽然这是部分因素——也是信心提升所赐，因为我告诉他们，他们看起来很棒。这是实话，我真的看出他们的内在美或力量，有成长的潜力。每个人体内都有潜力让自己变得美丽动人、迷死人不偿命，只是我们不相信。美是从内而生的。当你打从心里相信自己很美，当你聚焦于体内正向、优秀的特质，内在美就会反映在外表上。你自然也会更妥善地照顾自己，做所有能提升外在美的事。但仅关注外表绝对于事无补，因为真正的美，只能从内散发出来。

学会爱自己，从拍张自拍照开始

要提升从内散发的美，最好的方式是接纳自己、爱自己，但这该怎么做？每一本励志书、每一项灵性传统都会建议你爱自己，但很少告诉你该如何着手。这本书将告诉你一个效果出奇强大的爱自己仪式。接下来的 21 天，每天晚上在你放松时（最好是在写完日记后），替自己用相机或手机拍张照。你可以把照片贴在社交媒体上，或者就存在手机里。

当你拍自拍照时，看着自己的眼睛，想想自己已经走了多远，你的心灵充满了爱和良善。对自己开怀大笑，在心里告诉自己你对自己有多感谢，和你的镜像调情，想象你遇到梦中情人，需要留下好印象，然后拍照。如果觉得自己可以摆出更讨喜的姿势，不妨重拍一两次。一开始你可能会感觉不太自在，但好处不可计量。拍完照，看看照片里的你有什么值得赞美和欣赏之处。如果什么都找不到，表示你完全失去洞察力了，请再找找看。有的，一定有，相信我，你一定有。

对我来说，没有比内心平静更美的东西了，在这一点上不分男女。

——爱丽丝·格雷琴（Alice Greczyn），美国女星

要将这项行动转化为仪式，你要把它看得比单纯拍照更有意义。当你过完这 21 天，我希望你回顾这些照片，看看随着自信与快乐的增长，你的外貌开始出现什么样的变化。拿你第 1 天拍的照片和第 7 天拍的比较一下，再拿第 7 天拍的和第 14 天拍的

相比，最后再与第 21 天拍的照片对照，你会看到你越来越美。

如果你不大相信我所说的，我想请你参考一些研究。有研究显示，你内在越快乐，外表就越吸引人。你外在的容貌似乎会如实反映你内心平静的程度。所以，当你在未来 21 天替自己拍照时，真的可以为你的内在状态留下外部记录。

做就对了：拍张自拍照吧！

我们生活在一个迷恋自拍的文化中，这个仪式是要你将一个被视为虚荣的动作转变成十分美好的事物。每天替自己拍照，是要你欣赏和赞颂自己内在的力与美。你越专注于自己的力量和美、接受你是谁，而非拿自己和别人相比，或要求自己达到不可能的完美标准，从内散发的力与美就越可能使你容光焕发。

人生就像一部相机。聚焦于重要的事，捕捉美好的时光。冲洗底片，如果事情不顺利，再拍一张就是了。

——佚名

19 对今天已做或明天要做的事，说几遍肯定的话

反复说肯定的话语能造就信仰。一旦信仰成了深刻的信念，事情就开始发生了。

——穆罕默德·阿里

如同我在序里面所述，缺乏行动的心念起不了作用，但为思想升级是一种强而有力的、让你事半功倍的方式；这个仪式将证明，正向思考可以鼓励和吸引正面转变。

当然，我确实希望现在你已敞开心扉，恍然大悟：你真的可以借着改变日常惯例，让人生更美好；也确实希望你会不带一丝怀疑地了解，唯一能做出这种正向转变的是你自己，你唯有靠掌管自己的意念，并且在日常生活采取适当行动才办得到。

在成长期间，我们都接受过他人的谆谆教诲；而当我们还年轻、容易受影响时，我们倾向于相信他们。我知道我的人生有个始终不变的主题，那就是试着先向自己、后向他人证明，我不是他们以为或告诉我的那个样子。

当我 16 岁爱上书本时，大人告诉我该去上阅读能力较差的班，因为我不是“读大学的料”。5 年后我离开学校、在家自学后，我获得了剑桥大学国王学院的入学许可，修习神学和英文。我带着写书的构想投石问路，碰到的第一个经纪人和编辑告诉我，我没办法当上作家。现在我写了超过 100 本书，销量近百万册。也有人告诉我，我写心灵书籍不会有未来。我却二度打进《星期日泰晤士报》十大畅销书排行榜。**这种别人告诉我办不到，而我在内心找到资源，来质疑这种看法**的事例，我可以说个没完没了。

如果在你小时候别人一再说你不聪明或你不够好，这些信息会影响你长成哪一类大人。我们不仅在童年接收负面信息，还在我们人生所有年龄、所有阶段接受负面信息。我们的心智无法分辨事实与意见的差异，所以如果别人和自己一直对你说你毫无价值，用不了多久你的心就会打定主意相信这一点。但别因此失志或害怕自己的想法和他人的声音。恰恰相反，你心智易感的本性，正是值得欣喜的理由，因为这意味着只要改变心念和你反复对自己说的话，就能开启正向转变的过程。

> 没有纪律的肯定声明，是妄想的开端。
>
> ——吉姆·罗恩

用非常简单的方法，就可改变心智的运作模式，这就是不断地向自己重复正向肯定句的力量。一般常称为正向肯定，而科学已经证实它们具有改变人生的强大力量。以证据为基础的研究显示，正向肯定就像祈祷，可以改变大脑的连线。正向肯定能中断、重新组织已确立多年的负面思维模式，用新的奋发向上信念取而代之。它们能帮你掌管意念，让你的思想以有利而非不利于你的方式运作。

先前我们提到问问题比正向肯定来得有力（所以第 3 项仪式是改变人生的问题），但现在我们已来到一天的尾声，你的心智需要放松，不需要再熊熊燃烧着寻找答案的创造力。换句话说，正向肯定虽然不像问问题这么铿锵有力，但仍具有强劲的力量，非常适合作为夜间的仪式。

在你让潜意识铭记你是成功者的信念之前，你仍是失败者。说一句响亮的肯定句能做到这一点。

——弗洛伦斯·斯科维尔·希恩（Florence Scovel Shinn），美国心灵作家

一年多前，我从来没有在书店之类的地方以我的著作和写作为题发表演讲。原因是我不相信自己办得到，也不觉得会有人想听我讲话。我满足于安静的工作、隐身在我的电脑后面。然后，如前文所述，一个读者带我认识社交媒体，我很快发现这是多么美妙的平台，可以让我如此即时地与读者交流。打破这个藩篱后，几乎无可避免地，没多久我就应邀演讲和主持讨论会。

我的第一个反应是害怕，但也意识到非做不可。出版的

世界已经变了，作者必须跟上时代，但我要怎么克服这种恐惧？我读了很多关于公开演说的书，也请认识的作家给我建议。我获得的最好的忠告是想正面的事，告诉自己我是口若悬河的演说者，一定能发表成功的演讲。

现在每当我要发表演讲，我都会在前一晚大声地反复告诉自己（让我可以不受干扰地习惯自己的声音）我是杰出的公开演说家，我要告诉听众的内容，会让他们得到知识和启发。虽然可能并非所有参与者都获得鼓舞，但我仍常获邀重回先前演讲过的地方，对我来说，这暗示我做得还不赖。

大声说出口如何成为一种仪式

你也许觉得大声对自己说话有点滑稽，或不大相信这么简单的做法会有效果。但本书谈的是实际去做，而非想要做。我要请你在未来 21 天，每天趁换好衣服、准备上床就寝时，对自己大声重复三遍下面的正向肯定：**“我是我人生的建筑师；我建造人生的基础，选择它的内容；我幸福、成功的潜力无穷。”**

你可以关上窗，让房间变暗；也可以打开窗，让光线进来，这是选择的问题。你的心就是你的房间，你要它一片漆黑，还是光明灿烂？

——佚名

基于以下三个理由，大声说出上面的正向肯定，能在你的心里仪式化。

第一，**大声说出某件事会开始改编大脑的程式，**让大脑将你说的话视为绝对真理。力量倍增的话语不是来自你的思想，而是来自你的声音。一旦你开始真正相信自己说的话，就是在帮助它实现。

第二，**在上床睡觉前运用这些正向肯定，会比在早上运用有力，**是因为你在睡前所说的和所想的事，会储存在你的潜意识里；当你沉沉睡去，它们会形成你的梦境。就像种子在黑暗中长得最快，你心智里的概念也会趁你熟睡时深深扎根。当第二天早上醒来时，你的心就会更加相信你告诉它的都是事实了。

第三，我相信上面的正向肯定是能赋予你最大力量的肯定句。连续三个星期、每天晚上说出口、带着它入睡，这个信息将在你的潜意识里深深扎根、完全吸收，让你信以为真。而当你相信某件事时，就会开始采取必要的行动让它成真。

做就对了：请你跟我这样说！

人生的每一刻，你都可以借由改变关注的焦点、改变该焦点对你的意义，以及最重要的，改变你对它的实际作为，来改变你的人生。在这里，我想不到比这句听起来更像迪士尼的陈腔滥调，但与许多陈腔滥调一样深刻真实的肯定句更适合的结论了："你能梦想、能相信的事，就一定能做到。"

20 声光俱佳地想象明天好事发生的画面

种植一座花园就是相信明天。

——奥黛丽·赫本（Audrey Hepburn），英国音乐剧及电影女演员

这个仪式要你**想象一个成功的明天，如果可能，把你希望在明天做到的事先写下来**。这么一来，当你明早醒来，你的心会预期拥有璀璨的一天，因为你已经告诉你的潜意识：不管发生什么，明天都将是令人心满意足、成效卓著的一天。

在睡前进行这个仪式的理由是，你的心智也即将入眠——而你的潜意识将主宰梦境。这个介于完全清醒和逐渐熟睡之间、仍有警觉性但身心正放松下来的关闭阶段，是在心灵种下暗示、

让它们更有可能生根发芽的理想时机。这与保罗·麦克纳（Paul McKenna）等催眠治疗师在病人身上诱发的催眠状态类似。

明天可以是你一直等待的那个有朝一日。

——佚名

研究显示，除了想象，写下目标也可以提高达成的机会，所以专家向来建议这么做。不过，这里的重点不在于计划未来，而在于预期你所计划的事有极正面的成果。在想象时告诉自己，就算有意料之外的事态出现，你也能顺利应付。

当然，你可能会发现想象的明天不会实现，如会议得重新安排、旅游计划可能遇到波折等；但想象最重要的部分，是对于来日的满足感和兴奋感，是一种不论发生什么事都会有所成长，并从人生学到东西的感觉。

人生永远会给你第二次机会，它就叫明天。

——佚名

我从几年前开始进行预设未来的想象，对其成果大感惊奇。相较于过去，每一天的结果都像是买彩票。现在我绝大部分的日子都快乐又充实，而我不过是每天晚上闭上眼睛，告诉自己明天一定诸事顺利。

当我第一次听到这种技巧时，立刻恍然大悟，原来我晚上就寝时所做的事恰恰相反：**担心能不能把事做好、能不能达成目标。不知不觉中，我一直在以负面的方式想象明天。**而结果正如前一天所愿——日子通常不怎么美好。发生在我身上的事，感觉就像是随机或运气。

我知道除了成功，人生还要从挑战和挫败中学习。但这个技巧教会我的是，我在前一晚如何看待或想象来日有多么重要。

如果我在前一晚为明天选择正确的态度和观念，便真的能改变我诠释和创造明天的方式。更重要的是，在就寝时知道当明天闹钟响起，我不再担心又是新的一天，而会满怀热情地、兴奋地展开它，更是件幸福快乐的事。

练习：如何想象一个美好的明天

预先计划明日的理想时间是就寝之前，甚至是坐在床上、尚未躺下去入睡时。要将预先计划仪式化，你必须想象它真的发生。别只在心灵之眼“看”，也要听一听、感觉它，**让它尽可能活灵活现，**并赋予它深刻的意义。如果你有会议要开，想象会议圆满结束，大家坚定地握手，相视而笑；如果你要发表演说，想象它精彩绝伦，最后大家鼓掌叫好；如果你有考试，想象解答所有问题时你都游刃有余，并且有时间检查答案，直到满意为止；如果你要参加派对，想象大家都喜欢有你作伴。

想象你期望得到的东西。看到它、感受它、相信它，在心里画设计图，并开始建造。

——罗伯特·柯里尔

如果你难以想象正面的成果，不妨在网络上找些类似的图片，代表你想在生命里实现的事物，给你的心智视觉性的启发。

请记得，光看图片是不够的，你必须用所有的感官和意念完全进入想象的世界。你必须让它栩栩如生、感觉逼真，而其中一个方法是把想象视为乐事——在想象时，你可以创造一个由你掌控的世界，而你选择带进这个世界的一切，都给你美好的感觉（请参见第 6 项仪式）。

做就对了：预想美好未来

虽然说少了正向的行动想象就不会有任何效果，但千万别低估梦想和白日梦的力量。所以，接下来的 21 天，每天晚上在睡前，都要巨细靡遗地想象你的明天会如何度过。感受所计划的一切都以你希望的方式呈现。看你自己不费吹灰之力、一路顺风地飞越成功的一天。

不管你能做什么或梦想能做什么，放手去做。大胆本身就有天分、力量和魔法。现在就去做。

——歌德（Goethe），德国戏剧家、作家及诗人

21 感谢你拥有的，不提你没有的

感激为……宇宙的力量、智慧和创造力之门敞开。你借由感激，打开那扇门。

——迪帕克·乔普拉

一天中的最后一项仪式应该是所有仪式中效果最强大的，而没有什么事比你在坠入梦乡前说一句“谢谢”更简单的了。直觉或许已经告诉你感激是好事，但这项仪式要向你证明，表达感激绝对是正确且理想之举。

不是快乐让我们感激，而是感激让我们快乐。

——佚名

如果你问我，有哪一件事做起来既容易又不用花钱，而且能让人生更快乐、更健康、更正面、更成功，我会告诉你：培养感激的态度。

因为当你将心念与感觉集中在感谢的人、事、物时，就是将能量集中在你想要的人、事、物上，因此能吸引更多你所企求的一切进入你的生命。它能改善人际关系，因为如果你感谢别人，别人多半会投桃报李；它还能减少负面想法，因为当人们心怀感谢，就很难负面消极。最后，但绝非最不重要的是，它可以帮助你解决问题和学习新知，因为感激的心态会让你放眼新的可能，在每一个挑战中看到契机。

如果你在生命中唯一会说的祈祷文是“谢谢”，那就够了。

——埃克哈特大师（Master Eckhart），德国神学家、哲学家和神秘主义者

上星期我才和一名咖啡馆服务生有过一段奇妙的对话。她一边为我冲泡咖啡，一边问我近况如何，我回答“还不错”，

并问她同样的问题。她告诉我她也还不错，只是有时挺想念她的家人。我问她的家人在哪里，她说波兰。我问她有没有在英国交到朋友。她沉默片刻，然后说她慢慢有交到朋友，但无法理解为什么英国人不能更友善、快乐些。她说她住在这里明明有很多友善、快乐的理由。

这句话仿佛醍醐灌顶，令我深深感激，我们太容易把事情视为理所当然了。

如何心怀感激、表达感谢

进行最后一项仪式的理想时间点是你躺在床上准备入睡时；但如果你是一碰到枕头就马上睡着的人，可能趁坐在床上、还没躺下前执行比较好。

现在，只要花一点时间，回想在你生命中需要感谢的人、事、物。然后让自己在美好的感觉里沉浸一会儿，在心里说声“谢谢”——大声说出来更好。不论你的人生现在遇到多大的艰难险阻，一定有可以聚精会神片刻、表达感谢的事。我们常把该感谢的事物视为理所当然，如我们的健康、爱我们的人或动物，甚至是我们吃的上一餐。就连你还在呼吸的事实，也值得感谢，因为活着就是最珍贵的礼物。请记得，表达感激不代表你的人生完美无瑕，而是表示你充分意识到自己获得的祝福。

心存感激而不表达，就像包好礼物却不送出。

——威廉·阿瑟·沃德（William Arthur Ward），美国作家

做就对了：说感谢！

接下来的21天，在每天的尾声找点时间，聚精会神地**感谢你拥有的一切，不要去为你没有的种种而感到遗憾**。紧接着，你将怀着奇迹可能发生的心情慢慢睡去，将魔法和创造力带进你的梦里；第二天早上，你将带着诚挚感激的态度起床。

所以，从现在开始，不要光是等待会发生某些事而让你心怀感谢，就用感激来结束这一天吧。每一天，每说一次感谢，你都是在改变人生——让它更美好。

当我们表达感谢时，千万别忘记，最崇高的感谢不是说感恩的话语，而是在生活中实践。

——约翰·肯尼迪（John F. Kennedy），美国前总统

夜间仪式检查站

睡前请一一检查下面七项仪式，确定你已完成。为查询方便，你可以用手机拍下这张表，或快速记录在纸上并放在床头柜上。

15. **独处**十分钟，明天才有力气与人相处。

16. 饭前先**祷告**——准备用餐的仪式，有其意义。

17. 把一天发生的事**写下来**。

18. 练习**自拍**，把自己拍美。

19. 对今天已做或明天要做的事，**说几遍肯定的话**。

20. 声光俱佳地**想象**明天好事发生的画面。

21. **感谢**你拥有的，不提你没有的。

最后，别忘了恭喜自己顺利完成21天的日常仪式。明天又是新的一天，又是要采取正向行动，开始尽你所能让梦想成真的一天。

后记

乐观必须是一种行为，不只是想法

你需要的下一个信息，永远在你目前所在之处。

——拉姆·达斯

我诚挚地希望你已将这 21 项仪式融入你的生命至少 21 天。如果你这么做了，恭喜你，因为在你前往幸福成功的旅程上，最困难的部分已经结束。没有道理现在放弃，因为就从**现在**起，你将真正开始认识自己、爱自己，并感受到必定能实现梦想的信心。

当 21 天的旅程告一段落，你会来到起点，不仅第一次真正认识你自己，而且开始收割这些进行了 21 天的仪式可能为你的人生带来的神奇效益。继续待在通往转变的路上，你生命中的一切会感觉截然不同，因为从现在起，你会留意每一件事物的意义与魔力，平凡将变成不凡。令人兴奋的时刻就在前方。

用行动掌握想要的一切

仪式不仅是一种态度或意向，就如同爱不是一种感觉。说到底，仪式就是你做的事。光用想象人是没办法犁田的。

——艾莉森·利利（Alison Lilly），画家

请其他相信仪式力量的人，陪你一起展开这段改变之旅，可能会对彼此有所帮助。你们可以分享经验、相互鼓励、畅谈自己的成功和胜利，聚焦于正面而非负面的事情，为你们写下欢欣鼓舞的未来。

如果你不可能和他人建立这种关系，你可以在我的

Facebook 作家粉丝专页上找到一些具有启发性的建议和找寻动力的诀窍，或上我的网站 www.theresacheung.com。记得，你永远可以和我联系，讨论你的进展。

也切莫忘记，这不单是你一个人的事。让自己的人生变得更好也是在提醒他人，大家都有追求卓越的潜力。你启发人心的例子，鼓励人们尽其所能成为最好的人。一切真的可以从你开始，由你做出这个选择：别光用想的，而要真正成为你想在这个世界看到的转变。

只有行动能抓住这个世界，而不是沉思。

——雅各布·布洛诺夫斯基（Jacob Bronowski），波兰裔英国籍数学家、作家

要与我联系，可以通过我个人网站（www.theresacheung.com）所附的联络表与我联系。或者，也可以写信到 Watkins Media Limited，Angel Business Club，359 Goswell Road，London EC1V 7JL，请他们转交给我。

我诚挚欢迎你的一切反馈，但不管你要不要与我联系，我都希望本书已经敞开你的心灵，并让你接受这个概念：行动远胜于空想和空谈，而如果这些行动经过仪式化，已经充满个人意义，它们就有让你的人生更美好的力量了。

在你改变每天的所作所为前，你永远无法改变你的人生。成功的秘密就在你的日常惯例中。

——约翰·C. 马克斯韦尔（John C. Maxwell），美国领导力大师

仪式是灵魂进入无限的通道。

——阿尔杰农·布莱克伍德（Algernon Blackwood），英国作家

图书在版编目 (CIP) 数据

仪式的力量：成功人士的日常 /（英）特里萨·张（Theresa Cheung）著；洪世民译. —北京：中国法制出版社，2019.10

书名原文：21 Rituals to Change Your Life

ISBN 978-7-5216-0451-1

Ⅰ. ①仪… Ⅱ. ①特… ②洪… Ⅲ. ①成功心理—通俗读物 Ⅳ. ① B848.4-49

中国版本图书馆 CIP 数据核字（2019）第 175939 号

策划编辑：李佳（amberlee2014@126.com）

责任编辑：王悦（wangyuefzs@163.com） 封面设计：汪要军

仪式的力量：成功人士的日常

YISHI DE LILIANG: CHENGGONG RENSHI DE RICHANG

著者 /（英）特里萨·张

译者 / 洪世民

经销 / 新华书店

印刷 / 三河市国英印务有限公司

开本 / 880 毫米 ×1230 毫米 32 开 印张 / 7.5 字数 / 102 千

版次 / 2019 年 10 月第 1 版 2019 年 10 月第 1 次印刷

中国法制出版社出版

书号 ISBN 978-7-5216-0451-1 定价：42.00 元

北京西单横二条 2 号 邮政编码 100031 传真：010-66031119

网址：http://www.zgfzs.com **编辑部电话：010-66034985**

市场营销部电话：010-66033393 **邮购部电话：010-66033288**

（如有印装质量问题，请与本社印务部联系调换。电话：010-66032926）